完全绘本

The Painting Technique of

FASHION Design

服装设计效果图
技法详解

胡晓东 著

长江出版传媒　湖北美术出版社

目 录

前 言

服装效果图和服装款式图的表现是服装设计中的重要环节，是时装设计师将脑海中的样式通过画笔在纸张上模拟—再现—成型的过程，也是设计语言充分表达的过程。

如何快捷、专业地画好服装设计图？本书提供了有效的表现方法，重点强调以人体形态为基准。就像在服装结构设计中，无论你用什么裁剪方法，诸如原型法、比例分配法、立裁法等，都不能脱离人体形态，否则设计就会失去生命力。那么服装效果图也是一样，你可以有各种各样的风格、不同的表现手法，但人体形态始终是服装造型的依据。道理虽然很简单，但是想要画好却要下很多功夫，也需要良好的心态。

本书提供了大量注重款式和细节表现的效果图案例以及部分倾向于绘画性的时装插画以供参考，同时，简洁明确地讲解了画好人体动态的诀窍和不同材质的表现方法。本书可与《完全绘本·服装画人体动态参考图典》配套使用，能使读者对服装设计图人体动态的理解更透彻，并迅速提高服装画水平。笔者希望这些教学中积累的经验，给大家带来一些帮助，也希望大家能对本书的不足之处提出宝贵的意见。

第一章
服装效果图概述

1. 服装效果图的分类

　　服装效果图也称服装画，最初主要是为辅助服装设计而画的效果图，随着时代的发展，它的功能不断扩大，形式也不断增多，大体可分为以下三种类别。

● 为制作衣服而画的设计图、款式图

　　设计图是为了向打板师传达设计意图，以让其根据设计图来打板和制作衣服为目的，所以要画得准确、详细，让打板师一看就明白，这一点非常重要。因此，画设计图时一定要取易于表现服装的动态和角度，并配上服装的背面图、侧面图甚至设计细节，必要时还可辅以文字说明。

　　所谓款式图，是指衣服样式图，一般用线描的形式来表现。款式图可画在设计效果图旁边，是对设计的一种补充说明，是设计图上不可缺少的组成部分。另外，款式图也用在服装工艺说明书和服装品牌企划书中，比较形象直观。

　　画设计图和款式图注意不要画过多的衣纹，会影响衣服款式的表达。画设计图需要对服装造型、结构有一定的理解，这是非常重要的。

设计图

款式图

● 供人欣赏的时装插画、时装广告画

　　时装插画和时装广告画一般注重表现大的氛围，不拘泥于服装细节的表现。构图和人物动态形式多样，比较大胆、夸张，更多追求画面的形式感，使其更具艺术性。

时装插画

● 实用性较强的时装设计草图、时装速写、时装画手稿

　　时装设计草图主要是指高级时装的设计图，是应客户定制要求而绘制的。通常一边与客户沟通，一边进行绘制，一般都画得很快，比较注重设计气氛和效果的表达。因为有打板师一同参与，所以款式细节不必画得那么详细。

　　时装速写是为了准确地掌握人体结构和比例，并迅速表现着装人体和设计意图而进行的绘画训练。

　　时装画手稿是为预测流行趋势而画的设计图，不仅要准确地表达设计意图，还要符合品牌的设计理念。风格上比较多样，时尚感较强，紧紧围绕着流行风格和时代特征来表现。

时装速写

时装设计草图

2. 工具与材料

以下是我绘画过程中常用的画具，读者可以多尝试，找到适合自己的画具。

笔：铅笔、水彩笔、勾线笔、高光笔、针管笔、马克笔、彩铅等。

颜料：水彩、水粉、丙烯颜料等。

纸张：素描纸、水彩纸等。

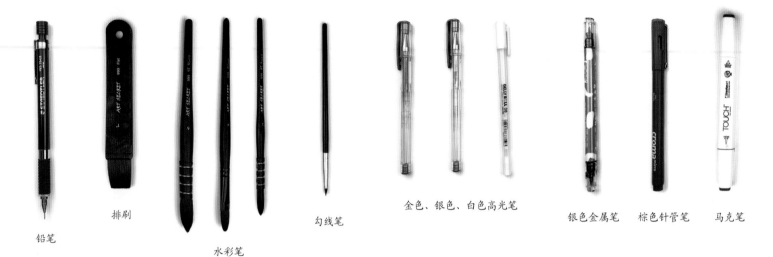

铅笔　　排刷　　　水彩笔　　　勾线笔　　金色、银色、白色高光笔　　银色金属笔　棕色针管笔　马克笔

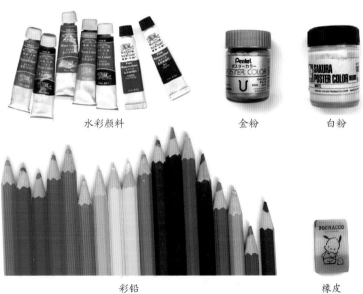

水彩颜料　　金粉　　白粉

彩铅　　橡皮

鲁本斯细纹300g水彩纸

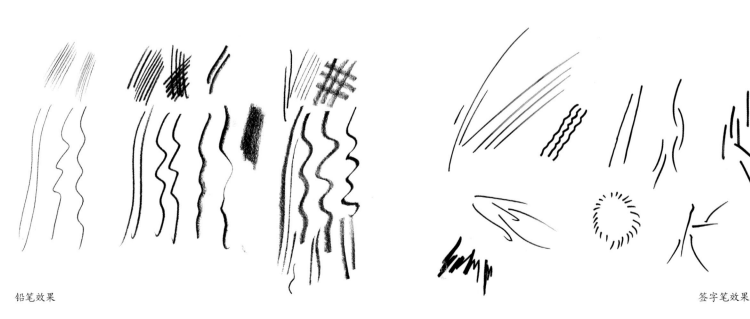

铅笔效果

签字笔效果

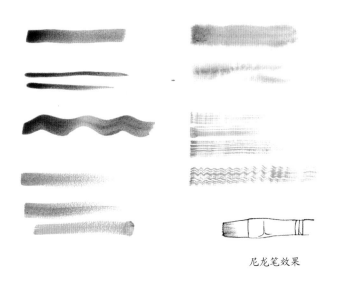

尼龙笔效果

毛笔效果

马克笔效果

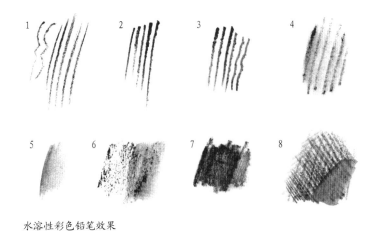

水溶性彩色铅笔效果

◎ 水溶性彩色铅笔效果

1. 不蘸水的效果。

2. 将笔头蘸水后画的效果。

3. 先用清水铺底，水没干时画的效果。

4. 先画线条，再用水晕染的效果。

5. 用湿润的毛笔蹭取铅芯的颜色画出来的效果，适合小面积使用。

6. 将笔头平铺排线后用水晕染的效果。

7. 清水铺底后，笔头平铺画的效果。

8. 清水铺底后，用不同颜色的线条交织着画的效果。

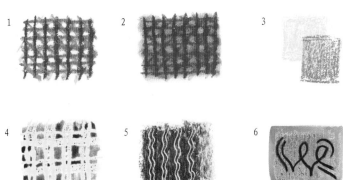

蜡笔、油画棒效果

◎ 蜡笔、油画棒效果

1. 几种颜色交织着画的效果。

2. 几种颜色交织着画，然后用手指揉擦混合的效果。

3. 颜色叠加混合的效果。

4. 画好条格后用水彩铺底的效果。

5. 用浅色铺底，深色覆盖，再用小刀、牙签等硬物刮出图形的效果。

6. 先用油画棒铺底，再用水彩上色，待干后在上面作画的效果。

第二章
人体基础篇

1. 人体结构与比例

● 人体结构

　　人体结构主要包括骨骼的构架和肌肉组织的穿插。人体造型就是骨骼结构和肌肉结构的外在体现。充分地了解人体结构是学好服装画的基础之一。服装画的人体造型要求是：比例夸张、简练、节奏感强。人体动态的表现则要舒展、大方、简洁，给人干净利落的感觉，动态要有整体节奏感，类似"s"形曲线。要牢记人体外形轮廓的起伏特征，注意骨骼是具有一定弧度而非笔直的，如果把手臂、腿的骨骼画得完全垂直，必然会给人僵硬死板的感觉。

　　在绘制服装人体时，可以通过骨骼的关节结构来定位，这样可使所画的形态比例更符合设计需求。

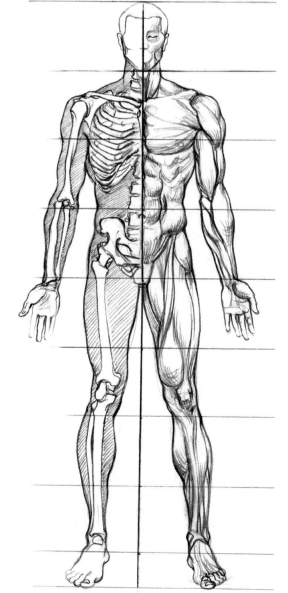

▶ 人体骨骼肌肉图

要求：记住人体结构体表形态特征。
理解形态特征是由内在骨骼结构和肌肉体现出来的。

● 男性人体与女性人体的比例

　　服装设计效果图中的人体为了突出服装，满足视觉上的美感，具有头部偏小，四肢修长的特点。一般正常人体比例为7~7.5个头长，时尚插画中的常用人体比例为8~8.5个头长，而服装效果图上的人体比例一般以8.5~9个头长为最多，有的甚至夸张到10~12个头长。以下是男性与女性人体的不同特征，大家注意其中的差别。

◎ 男 性

- 肩的宽度为头宽的2~2.5倍，两乳头间距为1个头宽。
- 腰部宽度略等于1~1.5个头长。
- 手腕恰好垂在大腿分叉的水平线上。
- 肩居于第2个头长的1/2~1/3处的水平线上。
- 双肘约居于肚脐的水平线上。
- 双膝正好在人体高的1/4偏上处。

　　男性与女性人体的主要区别在骨盆上，男性较女性窄而浅。此外，男性骨骼和肌肉结实丰满，这是在绘画时要充分注意的。

◎ 女 性

- 女性身体较窄，最宽部为2个头宽。
- 下颌较小，颈部细而长。
- 乳头位置比男性稍低，距肚脐约1个头长。
- 腰线较长，腰宽为1个头长，肚脐位于腰线稍下方。
- 股骨和大转子向外隆出，正面比胸部宽，背面则比胸部窄，主要是胸部两腋间距前窄后宽所致。
- 大腿平而宽阔，富有脂肪，从膝向下画小腿可以稍微画得长些。
- 臂肌较小且不明显，手较小，腕和踝较细弱，足较小略呈拱形。

　　一般来说女性体形苗条，肌肉不太显著，头发、胸部和盆骨有女性的明显特征。一个划分女性身体比例的简单方法是：1/3至膝，2/3至腰，3/3至头顶。

● 儿童与青少年的人体比例

注意观察不同年龄孩子的头部与身体的比例关系。从婴儿到十几岁的青少年，头部与身体的比例会发生很大的变化。不同年龄段的身长为：婴儿期3~4个头长，幼儿期5~6个头长，少儿期6~7个头长，青少年期7~7.5个头长。

青少年期　　　　　少儿期　　　　　幼儿期

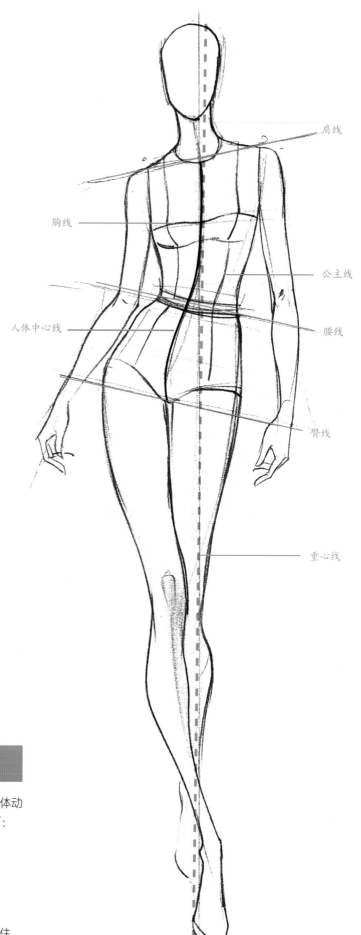

肩线

胸线

公主线

人体中心线

腰线

臀线

重心线

典型人体动态

2. 服装设计图典型人体动态及规律

这里所讲的典型人体动态是指在服装设计图中比较适合表现服装效果的人体动态，大多以正面的形象为主，动态并不复杂，有明确的规律可循，其要点如下：

1.肩线与腰线的关系是"＞""＜"，像不封尖口的大于、小于符号。

2.人体中心线位置的偏移朝向是"＞""＜"符号的小开口所对应的方向。

3.人体躯干随人体中心线偏移。

4.支撑脚落点靠近或落在重心线上。

牢记这些规律，可以帮助你分析掌握大多数服装设计图中的人体动态。记住，不要在设计图中画脱离这种规律的、复杂的人体动态，否则会使服装款式难以表达清楚。

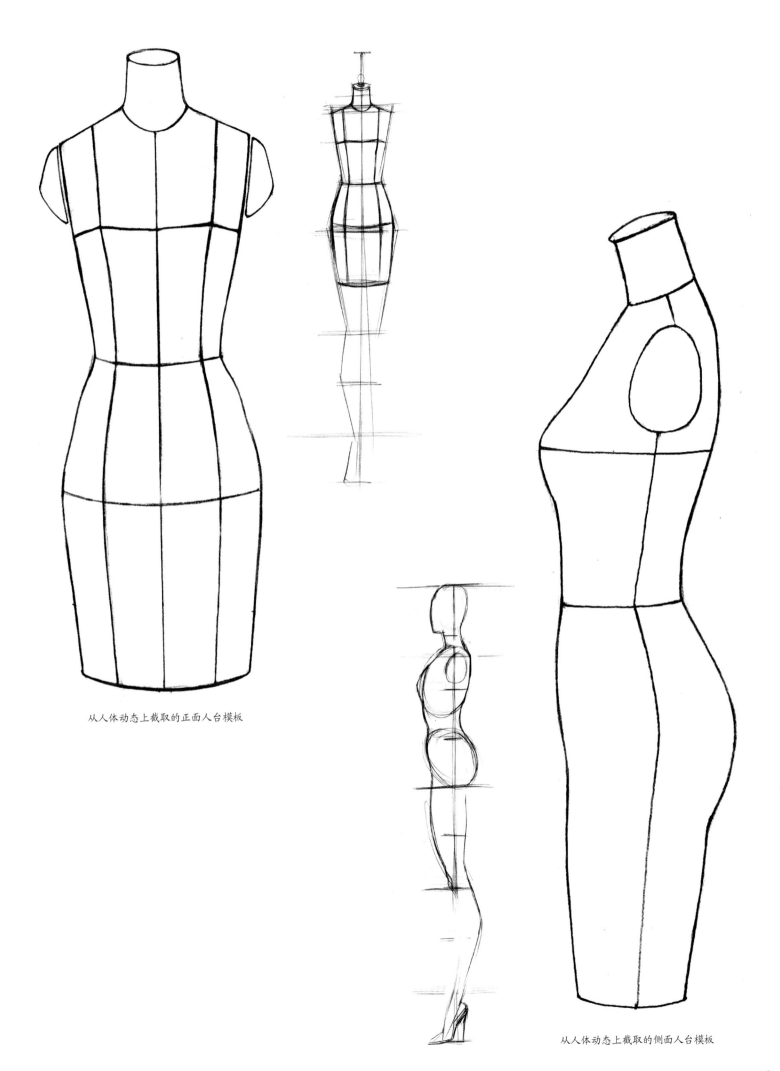

从人体动态上截取的正面人台模板

从人体动态上截取的侧面人台模板

掌握人体的重心平衡，肩线、腰线和盆骨的关系，以及动态线、盆骨偏移的位置，是画好人体动态的关键要素。下面是提供给读者参照的典型人体动态，建议读者把每个动态的肩线、腰线、盆骨底线、动态线、重心线标注出来，以便更好地理解和掌握动态规律。

● 女性人体动态示例

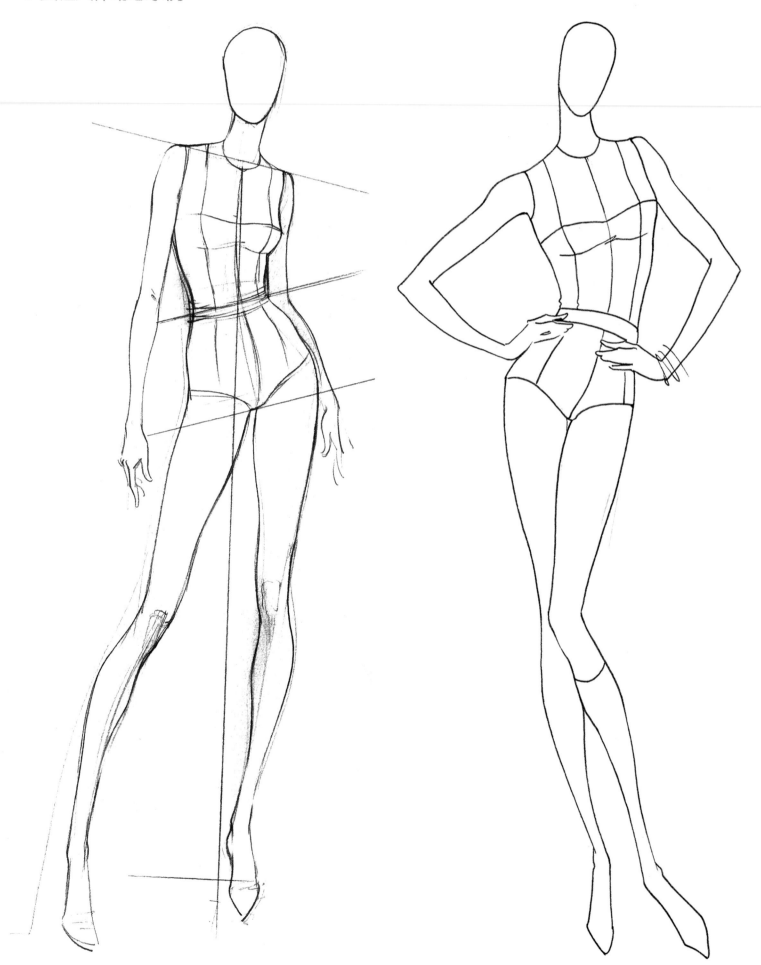

女性人体动态示例

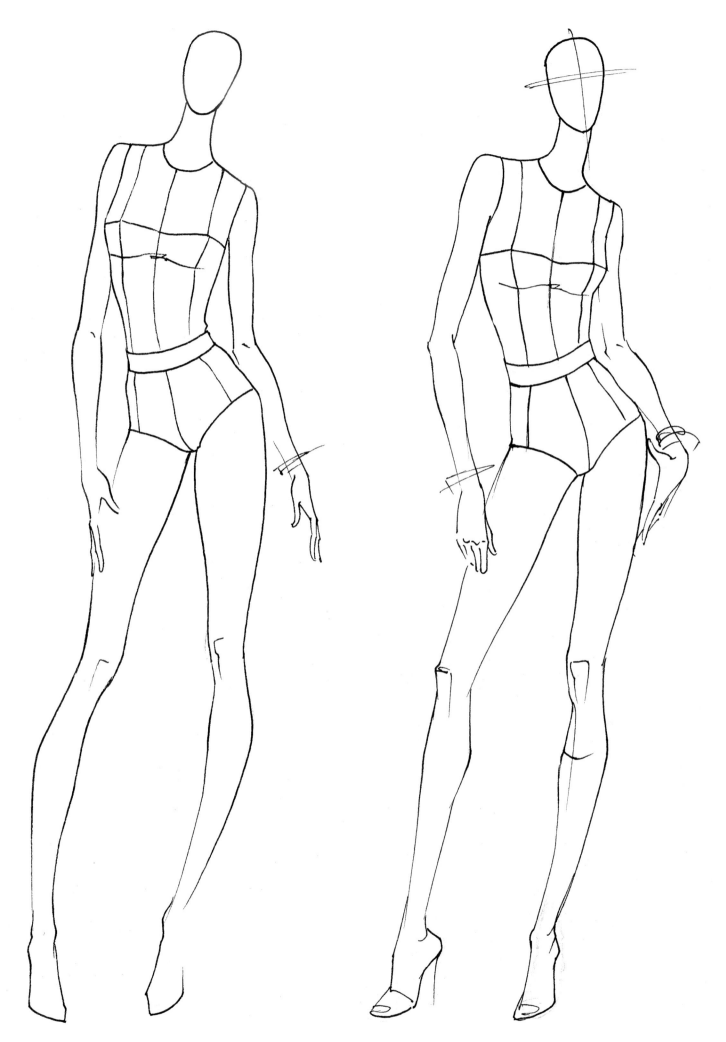

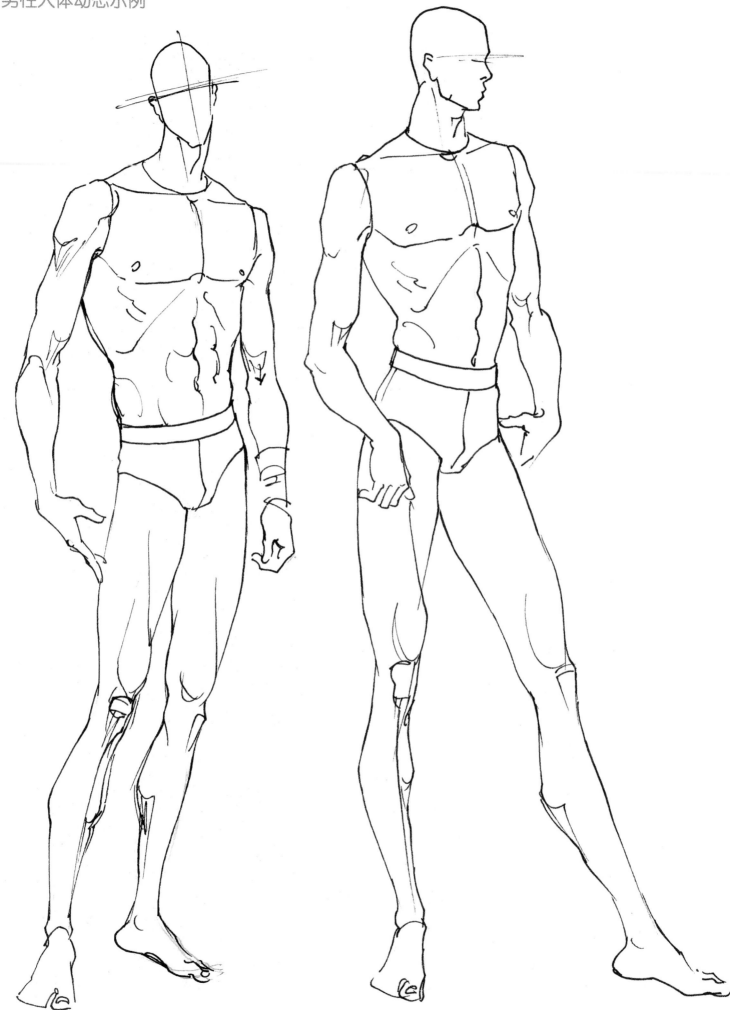

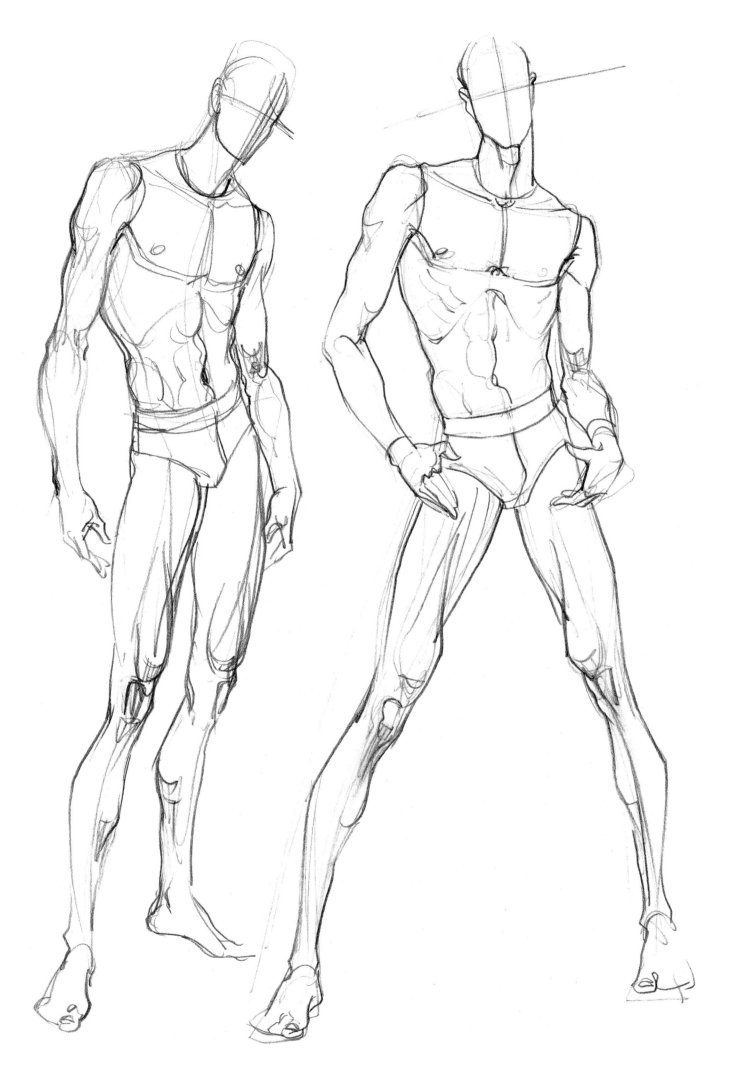

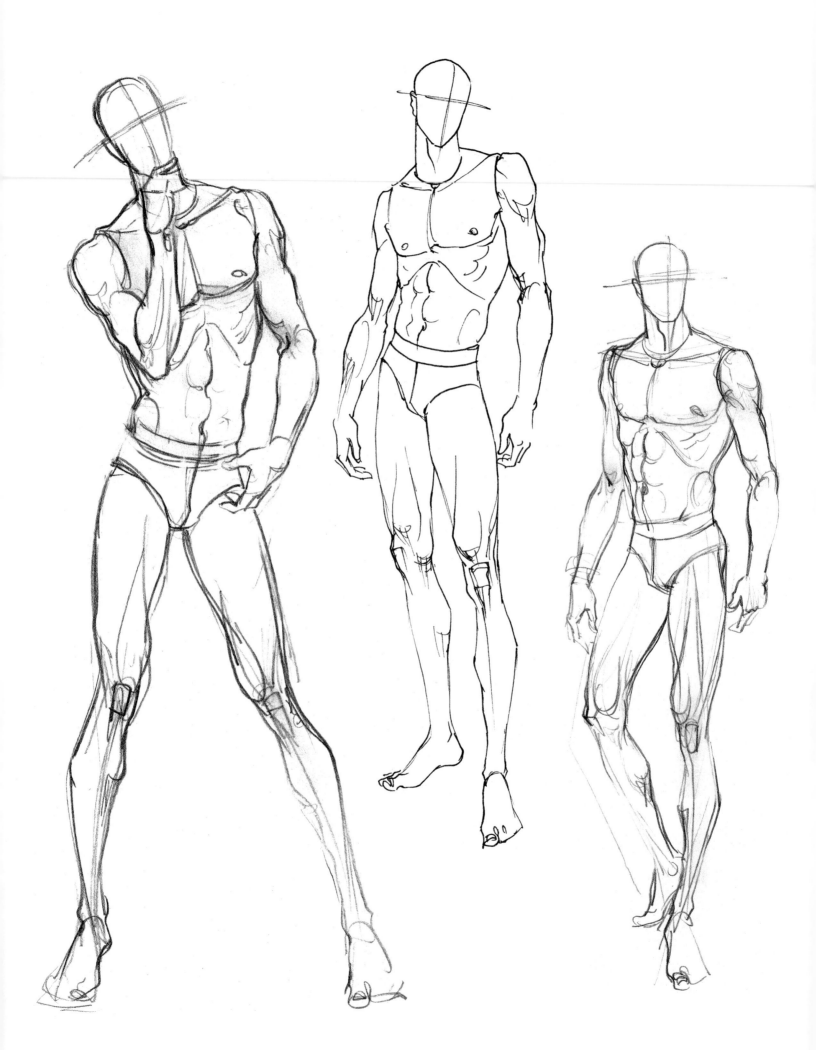

3. 人体动态与节奏

对于人体动态与节奏的把握需要敏锐的感觉，回想一下模特走秀，运动员练习体操、跳水、田径、花样滑冰等场景，这些项目都将人体动态与节奏的韵律美展现得淋漓尽致。多观察、体会、练习，一定可以取得进步。

4. 服装画的人体组合

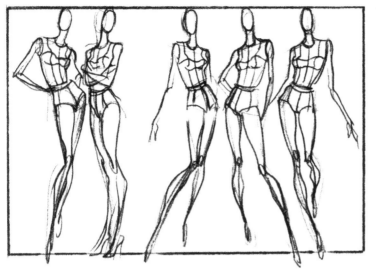

2+3组合

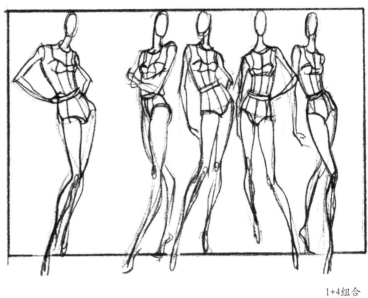

1+4组合

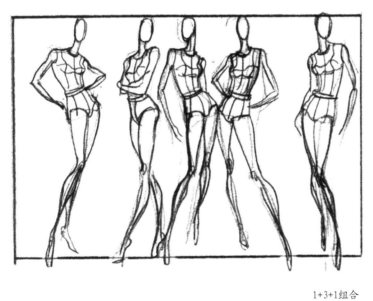

1+3+1组合

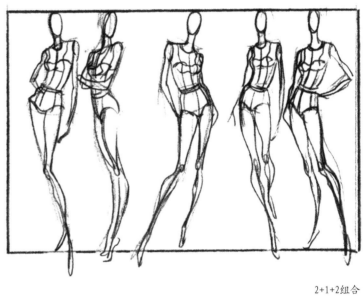

2+1+2组合

聚众组合

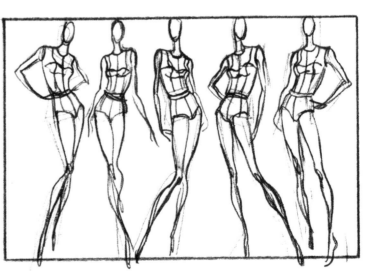

均分组合

23

5. 局部表现

●脸部、五官、发型、脖子的画法

◎ 脸部的画法

画脸部时，最重要的是了解眼、鼻、嘴在脸部轮廓中的位置，注意保持正面脸部左右对称。首先画出鹅蛋形的轮廓，在脸部中央画出中心线，然后把脸部长度分为四等份。前额占1/4，在脸的1/2处画出上眼皮，眼与下巴的1/2处是鼻子，鼻子与下巴的1/2处是下嘴唇。

◎ 五官的画法

1. 眉眼：先画出眉毛的轮廓，要注意形态和斜度的变化。再画类似鱼形的眼眶轮廓于眉下适当位置。眼珠呈球状，绘画时要牢记。

2. 鼻子：基本形状类似楔形，女性鼻梁可略略带过，但鼻底、鼻孔的位置和形状一定要画到位，否则影响面部效果。

3. 嘴：有多种多样的形态。注意上下唇之间的线条要有虚实变化，此线条可表现嘴部的表情变化；一般下唇比上唇厚；嘴角要稍微上翘。

4. 耳朵：在时装画中耳朵可简略地表现，但耳部的基本结构要熟练掌握。

◎ 发型的画法

画发型要先处理好整体轮廓，再顺着头发的走势来细画。

◎ 脖子的画法

脖子通常画得略长，显得更加优雅。处理好脖颈两边轮廓线的变化关系，可以表现出脖子的动态趋势。

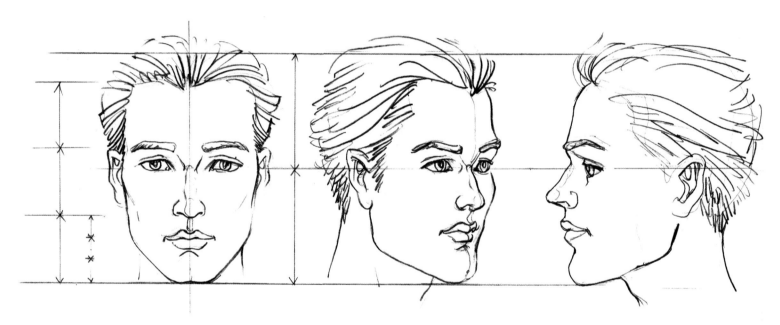

男性脸部

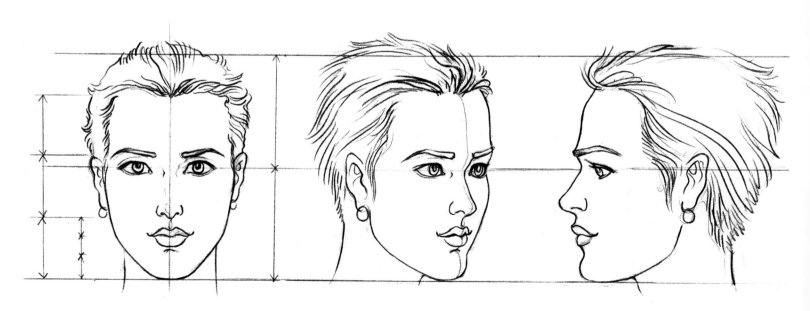

女性脸部

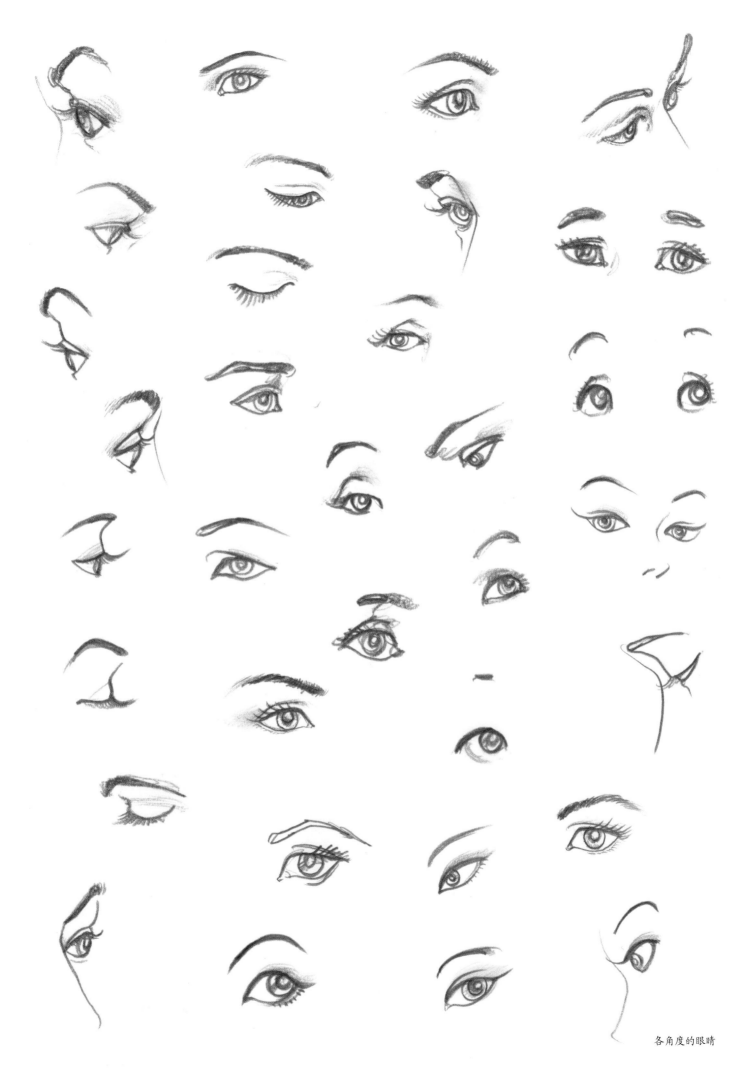

各角度的眼睛

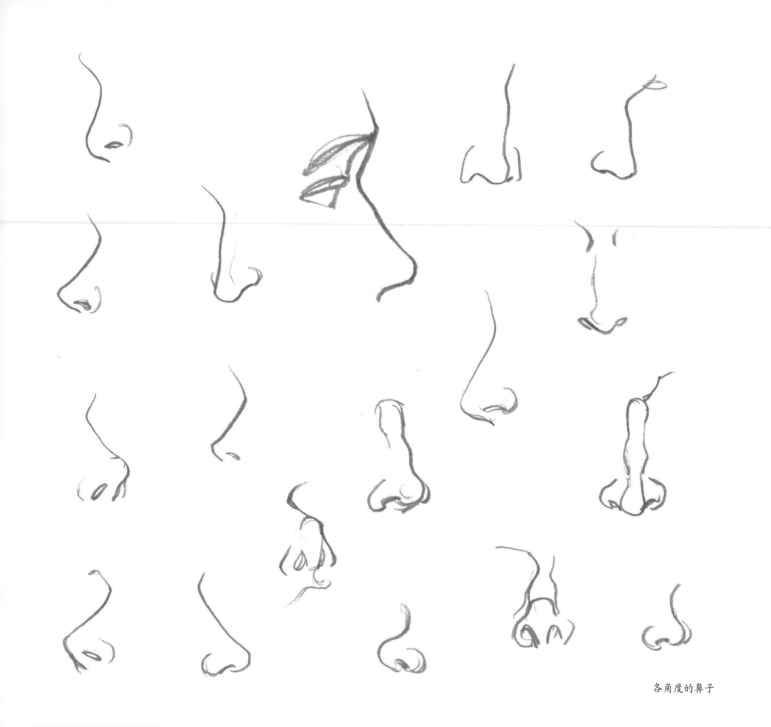

各角度的鼻子

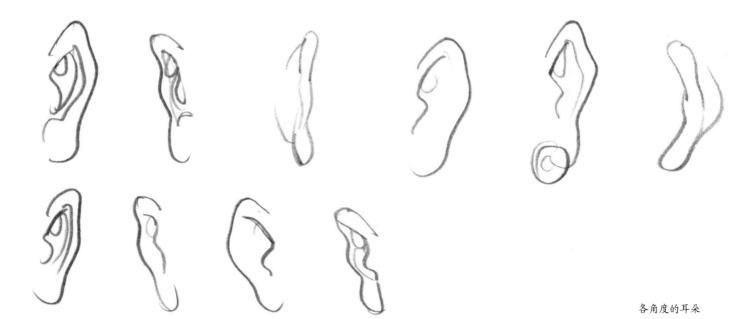

各角度的耳朵

各角度的嘴

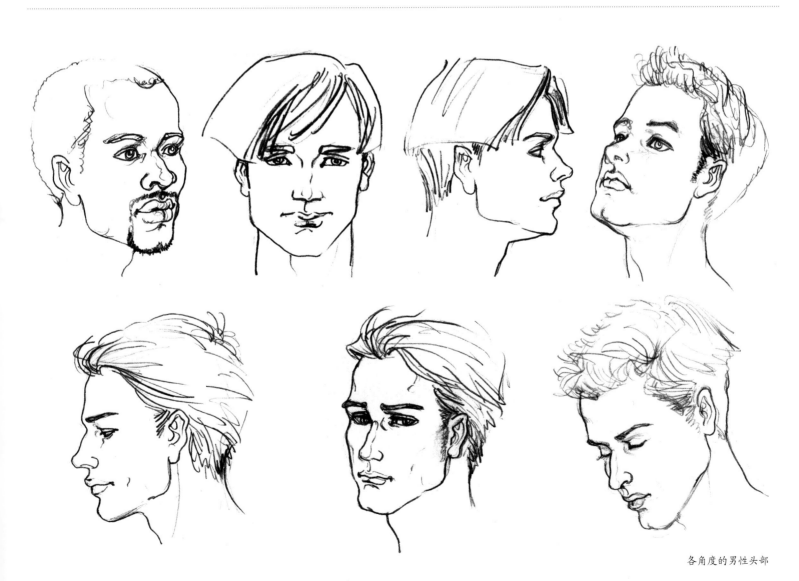

各角度的男性头部

各角度的女性头部

● 手、胳膊、腿、脚的画法

◎ 手的画法

　　把手想象成浅浅的长方形盒子，拇指从旁侧伸出。手的长度与发际线到下巴的长度几乎相等，手指和手掌的长度近乎相等。服装画中女性的手部要表现得纤细而优雅，需在正常手形的基础上适度夸张。手指尽量长而细，动作略呈"S"形，这样显得更美观。不要把手画得太小，给人一种缩手缩脚的感觉。男性手部的形态比女性的显方、硬，手指也较粗。

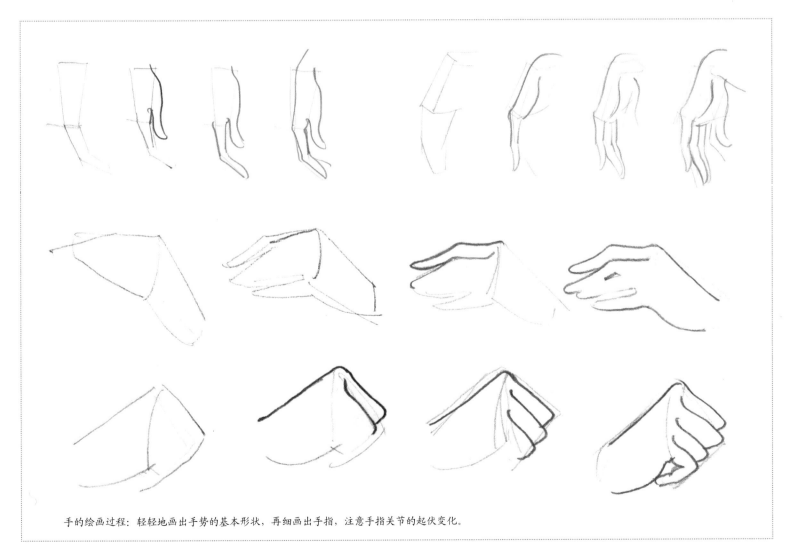

手的绘画过程：轻轻地画出手势的基本形状，再细画出手指，注意手指关节的起伏变化。

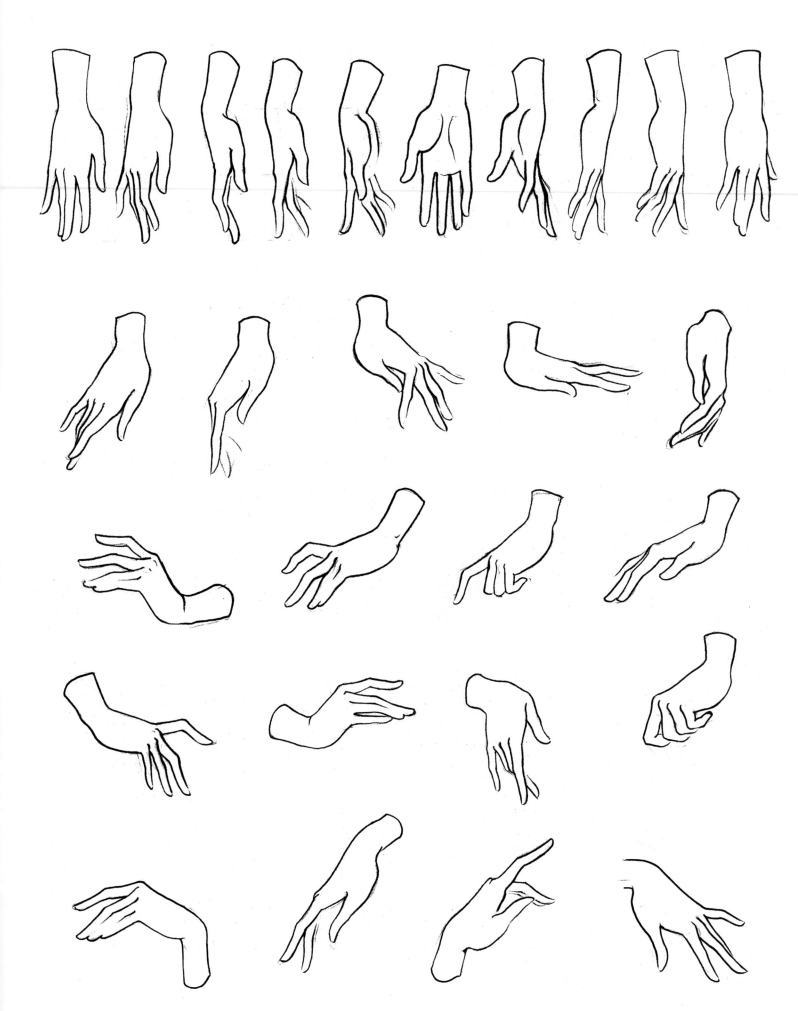

各角度的手

◎ 胳膊的画法

表现胳膊时要根据动态进行变化，注意肌肉及关节的形态与结构，手臂要画出圆润感、节奏感，手腕尽量画细些。

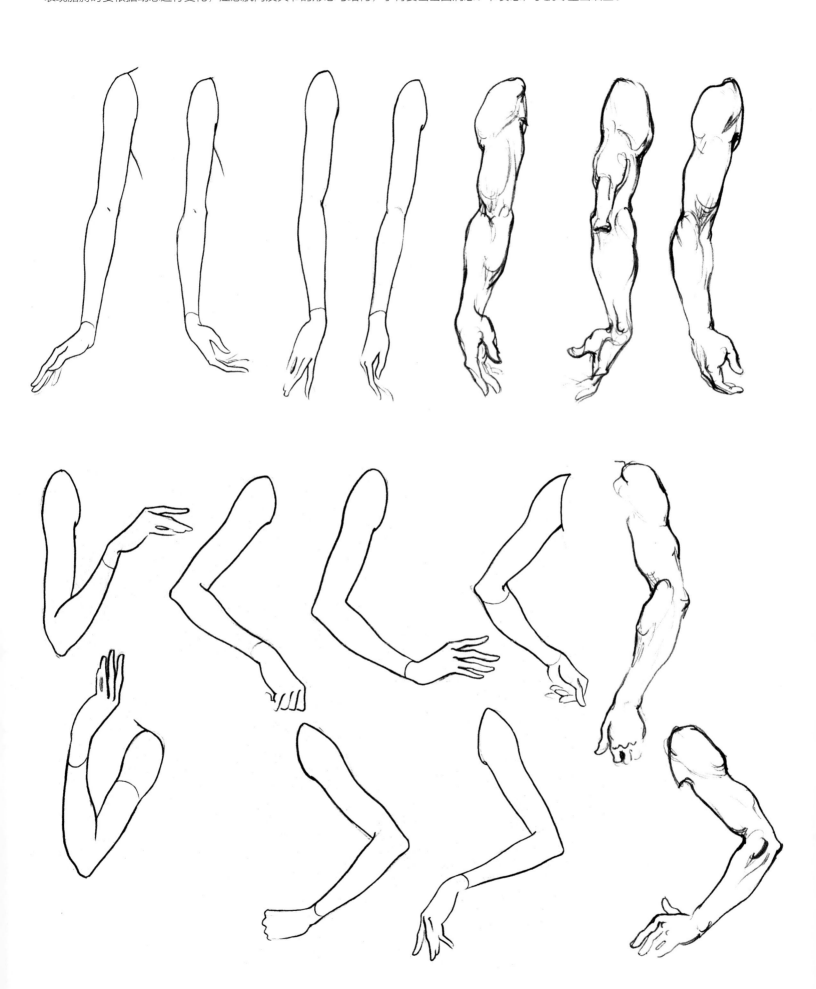

◎ 腿的画法

牢记大腿、小腿的形态结构，尤其要夸张腿的外形，强调节奏感。

注意当双脚着地，重心落在单腿上时，承重腿要画得略短一些，以强调透视关系。

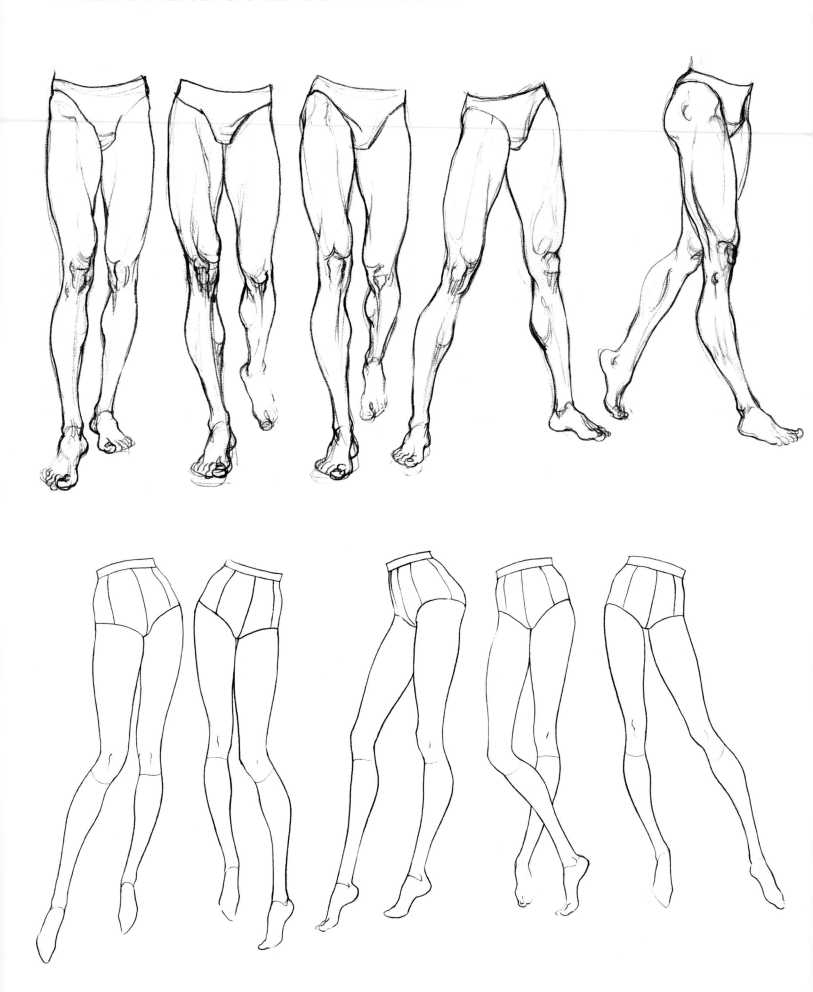

◎ 脚的画法

女性的脚要表现得优美，骨骼也应是柔韧的。作画时，在长度上要稍加夸张，才能凸显女性高挑、修长的特点。脚趾和手指一样，要画得细长、秀气。绘画过程如下：

1. 先轻轻地画出基本形和结构线，注意表现柔美的踝骨，再画出脚踝、脚跟及脚趾等部位的关系线。
2. 画出脚弓，然后画脚趾的形状。
3. 画出脚的细节或者鞋的结构，注意脚趾、鞋带、鞋跟的基本形。
4. 观察鞋与脚的整体关系，看看鞋是否真的"穿"在脚上了。

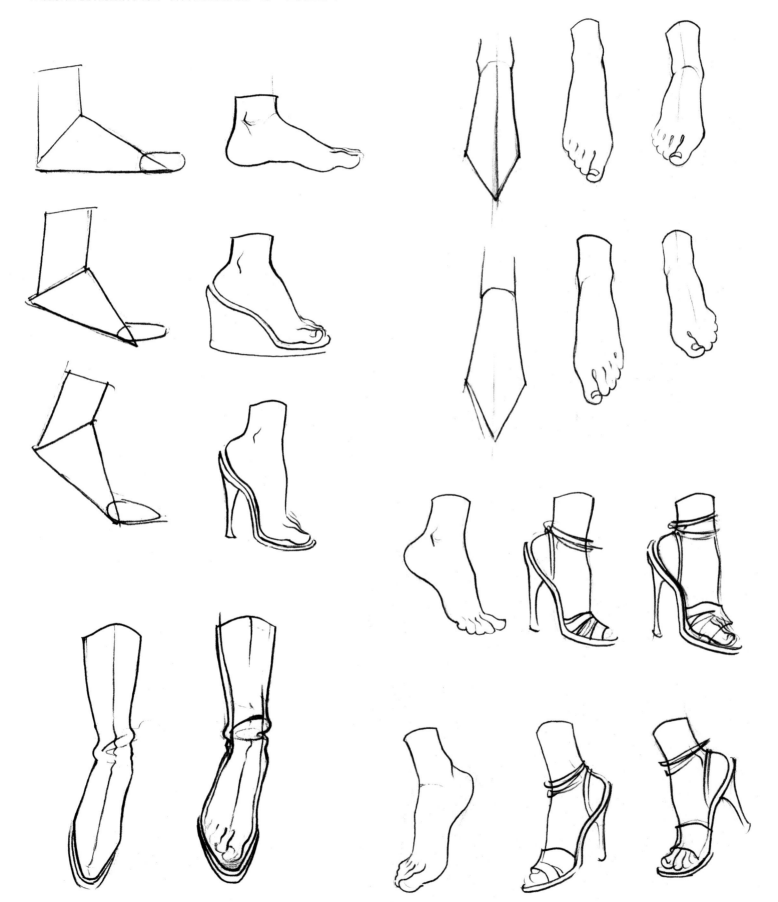

第三章
表现技巧篇

1. 衣纹的变化规律与人体的关系

通常在服装效果图表现中将衣纹分成两类：一是以服装设计造型为目的产生的衣纹；二是因服装包裹人体而自然产生的衣纹。要注意衣纹的虚实变化，服装与人体相接触的地方须画实，要与人体形态相符；服装没有与人体相接触的地方应画虚，虚实结合才能相得益彰。以下是以服装设计造型为目的产生的衣纹。

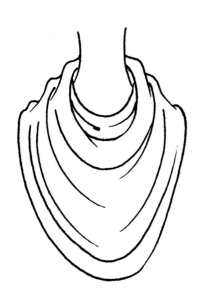
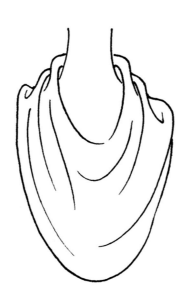

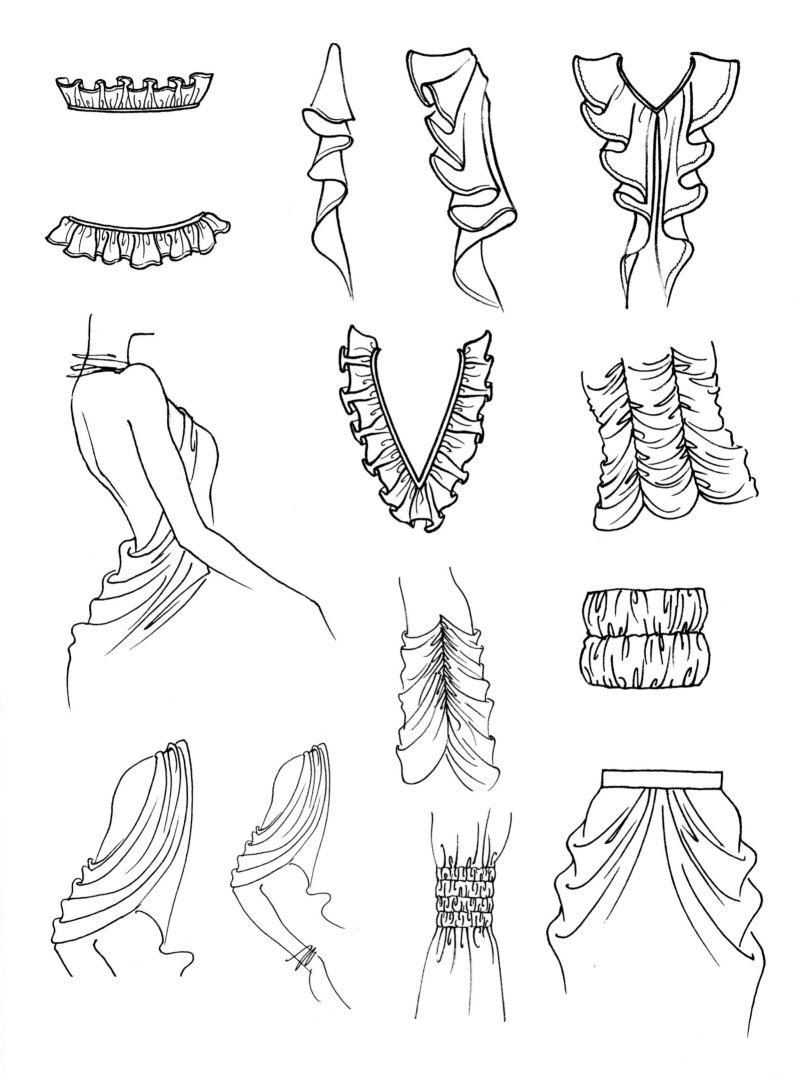

人体的动态影响着服装的外在形态，服装接触人体的部分和不接触人体的部分产生的衣纹褶皱是不同的。

2. 线条的特性

笔触的轻重、缓急、涩滑、顿挫等变化能让线条表现出不同的质感。

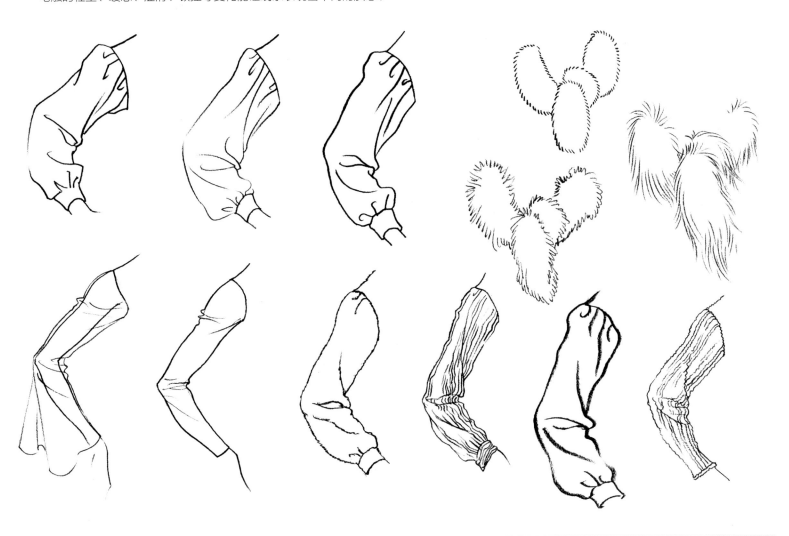

3. 如何表现不同质感的服装面料

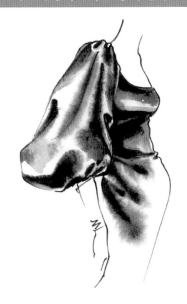

◎ 丝绸	◎ 塔夫绸	◎ 粗花呢
丝绸质地柔软，用柔和、轻快的笔触能更好地表现出它的质感。	塔夫绸质地较硬，布料表面有光泽，需要用强烈的明暗对比来表现其质感。	粗花呢宜用单色打底，先加强色调的明暗对比，再画细节图案。

◎ 天鹅绒

天鹅绒或者绒面的面料，厚重且色彩浓艳，会产生高亮度的衣褶。表现时可先给整个服装涂满颜色后，再用淡色或白色增加一些高光，以表现质感。

◎ 牛仔

牛仔面料较为粗糙，可用水彩湿画法结合干画法来表现。注意，辑线是牛仔装的显著特征，要加以强调。

◎ 风雨衣

风雨衣的质地薄而光滑，可用细线勾勒轮廓，再用淡色逐步加深阴影，上色时笔触须硬而短促。

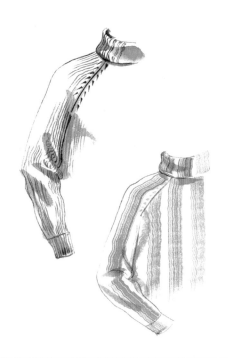

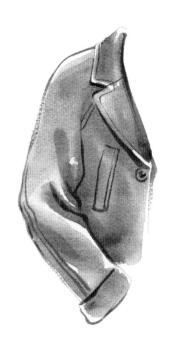

◎ 针织服装

针织服装质地柔软，轮廓线条圆润。用水彩表现针织服装的纹理，容易取得逼真的效果。

◎ 羊毛织物

表现羊毛织物时，可先用浅色涂上一层底色，再用铅笔在底色上加一些肌理效果，以表现羊毛织物的毛感特征。最好用表面较为粗糙的画纸，可在铅笔平涂时凸显毛面效果。

◎ 驼绒织物

驼绒织物很厚重且样式往往较为宽大，可用毛笔以粗略的线条将轮廓勾勒出来，以强化厚重感。

◎ 雪纺绸

这种半透明的绉纱要用飘逸、快速的线条才能表现出来，用细毛笔或钢笔采用提笔、顿笔的运笔方法来表现，效果更好。

◎ 貂皮

画貂皮时，画面最好先用清水润湿，趁纸张还未干时，画出基本结构，色彩接触到潮湿的画纸而洇开，呈现出柔软且毛茸茸的视觉效果。

◎ 毛巾衫

毛巾衫表面粗而毛糙，因而宜用一个个的小点来点画轮廓。

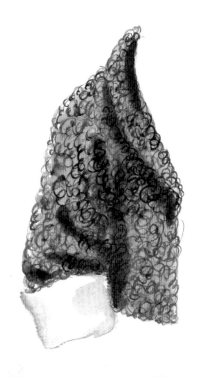

◎ 羊皮

用重彩在画纸未干时着色，亮光处注意留白，有长毛皮的地方，处理方法和貂皮相同，但是要在边缘部分画些纤细的绒毛，以凸显羊皮的质感。

◎ 波斯羔羊皮

用笔锋细一些的毛笔在画面上画出一个个的小卷儿，并且在必要的地方表现出明暗调子。

◎ 海豹皮

画海豹皮的技法与画貂皮的技法类似，先将画纸打湿，再画上深浅不一的图案。

第四章
案例解析篇

雪纺的表现

◎ **主要材料:**

铅笔、勾线笔、毛笔、水彩
颜料、素描纸

◎ **时间:**

25分钟

◎ **重点&难点:**

雪纺的透明感、轻薄感

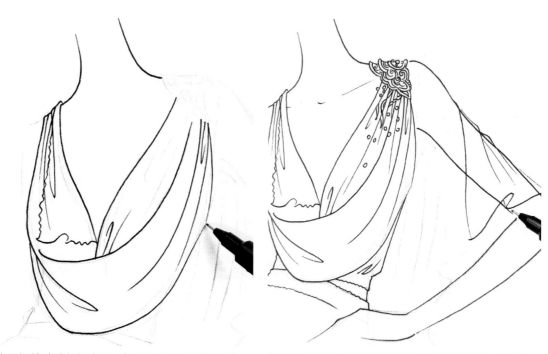

1.先用铅笔淡淡勾好大形，然后用勾线笔勾勒衣纹。　　2.勾衣纹线条要注意疏密关系，运笔要放松、流畅。

3.注意线条的走向和穿插关系。

4.第一遍上色淡一点，随衣纹线条走向运笔。

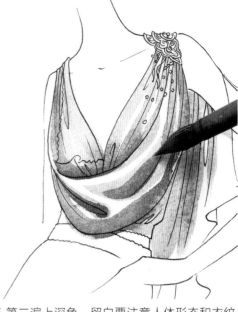

5.第二遍上深色，留白要注意人体形态和衣纹的结构关系。

6.后部的雪纺用色要平一点，以衬托前身衣纹的丰富变化。

7.整体再加深一个层次，增强对比，注意后部衣纹的明暗对比不能强过前身衣纹。

8.给肩上的装饰品上色时不要填满，留白会增加层次感。完成。

◎ **主要材料:**

铅笔、勾线笔、中性笔、平
头笔、水彩颜料、素描纸

◎ **时间:**

25分钟

◎ **重点&难点:**

针织的厚重感和肌理表现

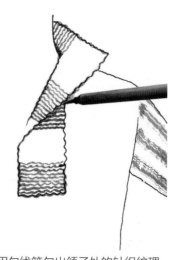

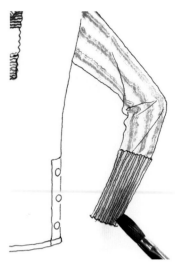

1.用干涩、分叉的笔触画袖子处的
针织纹理,行笔时左右颤动。

2.用勾线笔勾出领子处的针织纹理。

3.先用中性笔勾出袖口纹理,再
平涂上色。

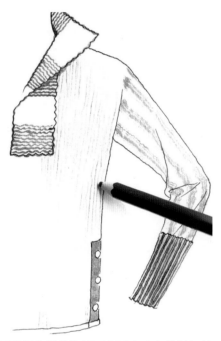

4.用彩铅在粗糙的纸面上画出衣身的针织效
果。

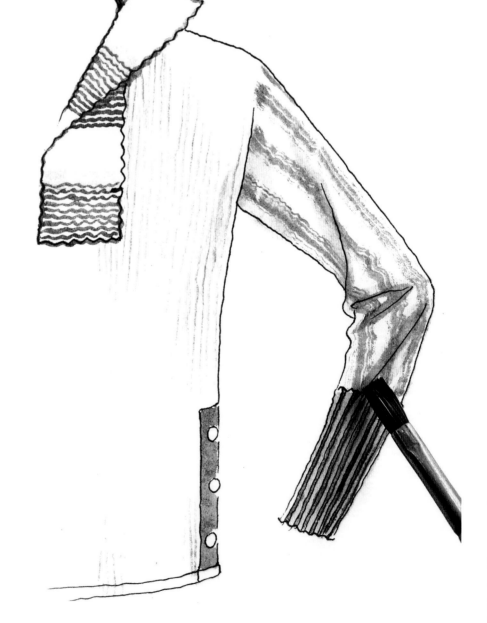

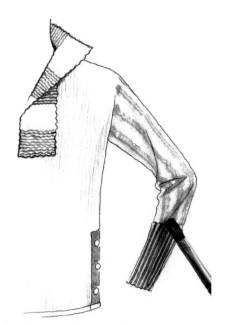

5.加深衣纹褶皱,强调起伏变化。

6.完成。

牛仔的表现

1.勾好线后,铺大色块。

2.加深颜色再涂一遍,增加层次。

3.根据衣服款式,加重腰带、口袋等的局部颜色。

4.加重衣褶处的颜色。

5.用彩铅画牛仔斜纹效果。

6.用彩铅强调一下辑线边缘的水洗效果。完成。

不同皮毛的表现

◎ **主要材料:**

铅笔、勾线笔、平头笔、水彩颜料、素描纸

◎ **时间:**

25分钟

◎ **重点&难点:**

各种质感皮毛的具体表现

皮毛1: 先用铅笔勾画出皮毛的大致形状,再用勾线笔顺着毛发走势勾勒细节,注意用线的轻重缓急。

皮毛2: 用干涩的勾线笔勾出皮毛轮廓,再用平头笔补充细节,注意笔触要放松而有变化,突出蓬松有序的特点。

皮毛3: 用铅笔淡淡地勾好大形,再用水润湿画面,趁湿用勾线笔勾勒细节。

皮毛4: 先用较粗的笔触画出皮毛的大致形状,注意要有浓淡、润涩的变化,再用勾线笔勾勒纤细的毛发,注意线条的疏密变化。

皮毛5: 用"摆"的笔触画短的皮毛,要有浓淡、润涩的变化。

丝绸的表现

◎ **主要材料:**

  铅笔、毛笔、水彩颜料、素
  描纸

◎ **时间:**

  25分钟

◎ **重点&难点:**

  丝绸的光滑、轻薄的表现

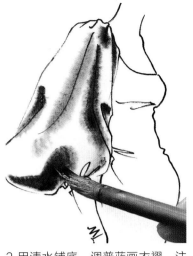

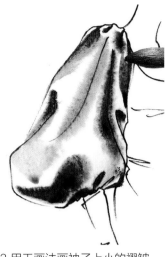

1.勾勒轮廓时要注意线条的疏密和起伏变化。

2.用清水铺底，调普蓝画衣褶，注意按衣纹方向运笔，让色彩自然晕染。

3.用干画法画袖子上小的褶皱。

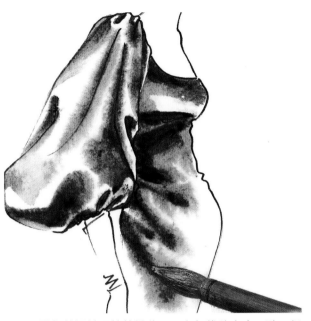

4.腰、臀部的褶皱用笔放松些，不必与线稿完全一致，但要画得符合衣纹形态规律。

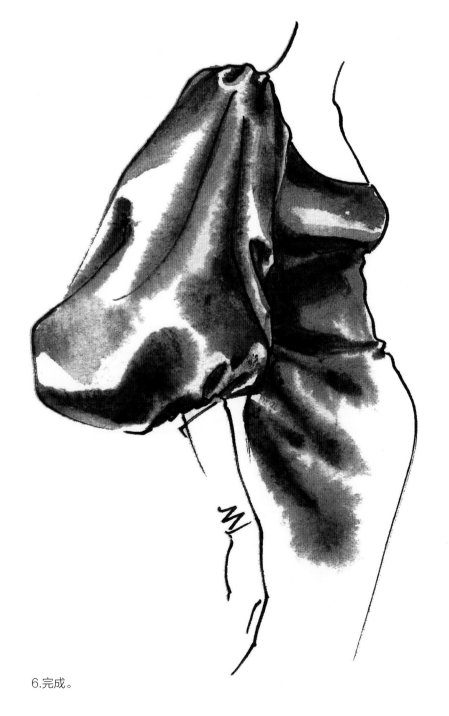

5.调整细节，柔化边缘。

6.完成。

皮革的表现

◎ **主要材料:**

铅笔、水彩笔、水彩颜料、
素描纸

◎ **时间:**

25分钟

◎ **重点&难点:**

皮革光泽感的表现

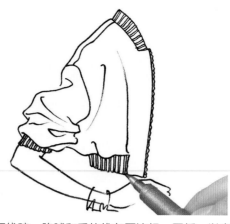
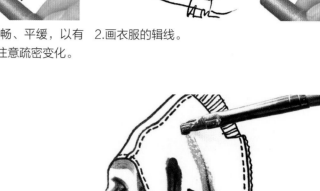

1.画线稿, 胳膊和手的线条要流畅、平缓, 以有 2.画衣服的辑线。
别于起伏较大的衣纹线条, 同时注意疏密变化。

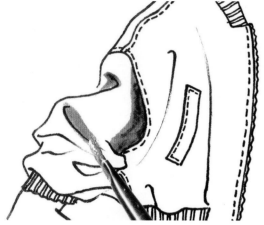
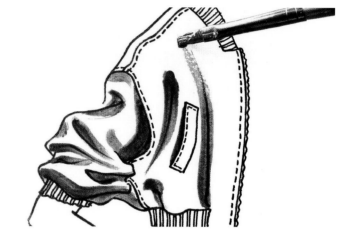

3.用生褐加少量土黄顺着衣纹规律画衣褶。

4.画笔蘸色要饱和, 注意笔触的变化。

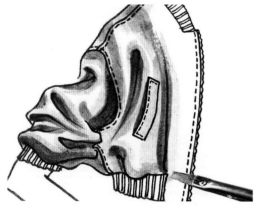

5.用清水调浅褐色, 在第一遍笔触周围铺淡色,
明暗对比要强烈, 留白注意形态节奏变化。

6.用土黄画罗纹, 完善细节。

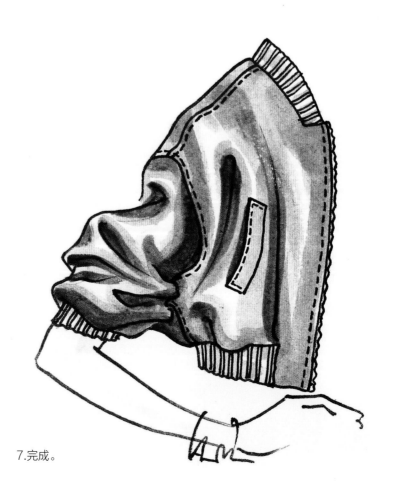

7.完成。

粗花呢的表现

◎ **主要材料:**
　铅笔、扁头笔、勾线笔、水彩颜料、素描纸

◎ **时间:**
　25分钟

◎ **重点&难点:**
　粗花呢的质感与肌理的表现

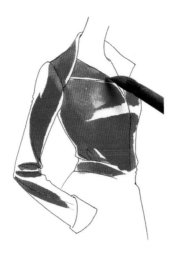 

1.在勾好的形上铺色，注意顺着衣褶的走向运笔。　2.用扁头笔画格子。　3.在深色格子上勾线，笔触微微颤动。

4.勾线时注意随形态起伏变化。

5.用彩铅在方格处画斜纹。

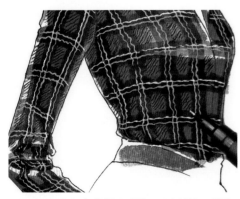

6.用勾线笔在方格处再叠加一遍斜纹，增加层次。

7.用勾线笔强调一下格子交叠的地方。完成。

首饰的表现

◎ **主要材料:**

铅笔、勾线笔、水彩颜料、水彩纸

◎ **时间:**

25分钟

◎ **重点&难点:**

钻石的画法

1.在勾好的形上平涂黄色,衬托钻石的地方加重颜色。

2.用淡紫色画水晶。

3.加深钻石周围的颜色,并用浅色提亮高光。

4.按红宝石的切面形状上色。

5.用白色提亮红宝石,上色时注意明暗变化。

6.水晶的光影变化较丰富,注意明暗过渡要自然。

7.完成。

皮包的表现

◎ **主要材料:**

铅笔、勾线笔、水粉笔、
水粉颜料、素描纸

◎ **时间:**

25分钟

◎ **重点&难点:**

皮革质感的表现

1.在勾好的线稿上平涂上色。　2.根据褶皱加深颜色,笔触要有变化。　3.勾勒包的结构线。

4.顺着包的结构,画高光和辑线,增加层次。　5.强调褶皱起伏,突出皮包的质感。　6.用彩铅铺一遍调子,使纹理更加丰富。

7.完成。

◎ **主要材料:**
　铅笔、素描纸

◎ **时间:**
　25分钟

◎ **重点&难点:**
　掌握人体形态结构，肩、腰线的关系以及动态线变化方向

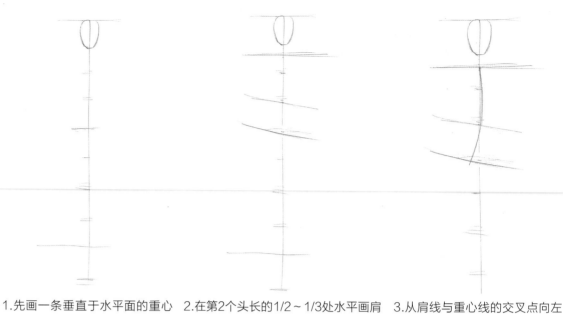

1.先画一条垂直于水平面的重心线，以1个头长作为基本单位，等分8个头长，底下再加1个头长，总共等分9个头长作为身长比例。

2.在第2个头长的1/2～1/3处水平画肩线，第3个头长的位置画斜线作为腰线，第4个头长的位置画斜线作为盆骨底线，注意腰线和盆骨底线平行。

3.从肩线与重心线的交叉点向左画人体动态线，注意动态线经过腰线至盆骨底线，且垂直或接近垂直于腰线、盆骨底线。

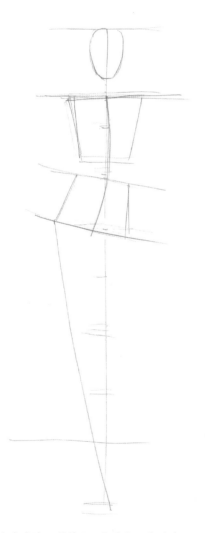

4.定肩宽，约为2.5个头宽，先确定2个头宽的间距，余下0.5个头宽为三角肌部分；腰宽约为1.5个头宽；盆骨宽为2~2.5个头宽；胸腔、盆骨体块分别以梯形概括；在盆骨突出的点上画直线，落点在重心线上，这是支撑腿的倾斜动态线。

5.画外轮廓的大形，注意形态节奏变化，膝盖转折处为第6个头长的位置，右腿外轮廓因透视变短，且膝盖略低于支撑腿膝盖的位置。

6.画人体躯干的基本结构线、领围线、胸围线、公主线以及人体躯干外轮廓线。

7.确定四肢内侧结构线以及膝盖位置，注意脚面是立起的形态；手肘水平对应腰线的中心点，小臂内外侧起伏有变化。画手部结构，注意强调手腕的转折，画好拇指大鱼际的外形，以及掌骨、掌指的结构比例关系。

8.完善人体的各部分结构细节，
正面走姿动态完成。

◎ **主要材料:**
铅笔、素描纸

◎ **时间:**
25分钟

◎ **重点&难点:**
掌握人体形态结构和人体动态变化

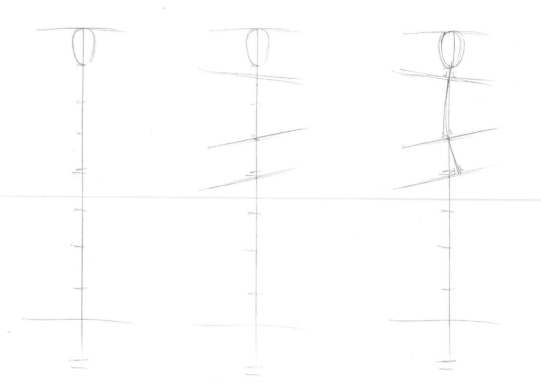

1.确定重心线，画1个头长作为基本单位，等分8个头长，底下另加1个头长，总共等分9个头长作为身长比例。

2.在第2个头长的1/2～1/3处水平画肩线，第3个头长的位置画斜线为腰线，第4个头长的位置画斜线为盆骨底线，注意腰线和盆骨底线平行。

3.在肩线与重心线的交叉点向右（肩、腰延长线缩小方向）画人体动态线，动态线经过腰线至盆骨底线，且垂直或接近垂直于腰线、盆骨底线。

4.分别在肩线、腰线、盆骨线上定肩宽、腰宽、盆骨宽，在盆骨突出的点上画直线，落点在重心线上。画支撑腿外轮廓的大形，注意膝盖约在第6个头长的位置，右腿外轮廓因透视变短。

5.确定两臂动态，在第2个头长的位置确定胸围线。因身体动态略向右边转动，宜画袖笼线以示身体部分侧面，注意右边肩、胸、腰、盆骨形态起伏变化较大。

6.细画人体动态线，注意腰线至盆骨底线之间的动态线应根据小腹结构的调整而变化。

7.画人体躯干的基本结构线、领围线、胸围线、公主线以及支撑腿的形态结构，注意线条随人体形态起伏变化。

8.先画弯曲小腿外侧形，再画内侧形，
完成躯干和腿形结构。

9.画手臂的结构，注意小臂内外侧的起
伏变化，强调手腕的转折，画出拇指大
鱼际的外形，注意掌骨、掌指的结构比
例转折。

10.完善人体的各部分结构细节，正面走姿动态完成。

男装人体案例

◎ **主要材料:**
铅笔、素描纸

◎ **时间:**
25分钟

◎ **重点&难点:**
掌握男装人体比例、形态结构

1.先垂直于水平面画重心线,以1个头长作为基本单位,等分8个头长,底下再加1个头长,总共等分9个头长作为身长比例。在第2个头长的1/2~1/3处水平画肩线,第3个头长的位置画斜线作为腰线,第4个头长的位置画斜线作为盆骨底线,注意腰线和盆骨底线平行。

2.在肩线与重心线的交叉点向右画人体动态线,动态线经过腰线至盆骨底线,且垂直或接近垂直于腰线、盆骨底线。

3.在肩线上定肩宽,男装肩宽为2.5~3.5个头宽。先确定2个头宽的间距,三角肌部分后画;腰宽为1.5头宽,盆骨宽为2个头宽;胸腔、盆骨体块分别以梯形概括。

4.在盆骨突出的点上画直线,落点在重心线上,这是支撑腿的倾斜动态线。

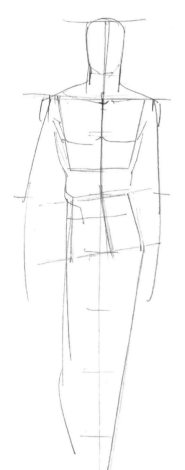

5.画手臂以及躯干的外轮廓。

6.画支撑腿的外轮廓,注意膝盖约为第6个头长的位置。画手臂和弯曲腿的结构,注意线条的起伏变化。

7.画斜方肌、锁骨结构以及三角肌、肱二头肌结构。

8.画胸大肌、躯干外侧结构以及腹肌、腹外斜肌结构。

9.画手臂和大腿肌肉结构。

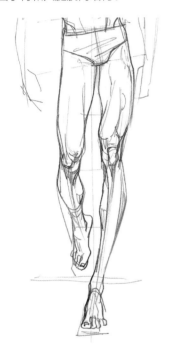

10.画腿部的肌肉结构，注意小腿的透视变化。

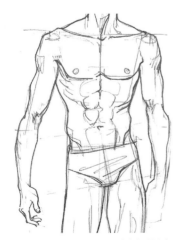

11.画小臂的结构，注意其内外侧形态的起伏变化，强调手腕的转折，画出拇指大鱼际的外形，注意掌骨、掌指的结构比例关系。

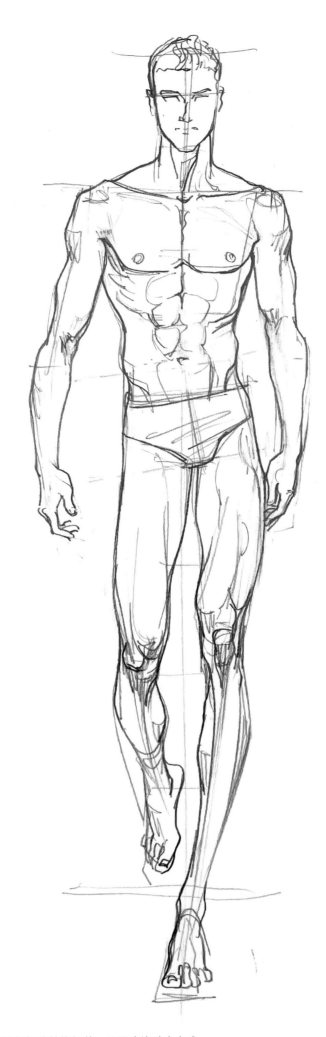

12.完善人体的各部分结构细节，正面走姿动态完成。

不对称式背心连衣裙

◎ **主要材料:**

铅笔、圭笔、白云笔、勾线笔、珠光笔、水彩颜料、水彩纸

◎ **时间:**

3小时

◎ **重点&难点:**

服装结构的细节表现,发型、配饰的表现

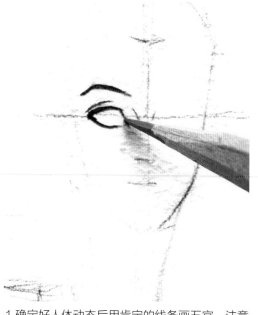

1.确定好人体动态后用肯定的线条画五官,注意后眼角要略高于前眼角。

2.上眼睑线条画重一些。

3.画眼睫毛,顺着上眼睑的外轮廓画眼窝弧线。

4.画嘴唇,注意五官的比例关系。

5.用肯定的线条勾外轮廓。

6.画头发的外轮廓,用笔要放松。

7.按头发的趋势规律画发丝,注意线条要有虚实变化。

8.大致勾服装的外轮廓。

9.擦掉着装处的人体线条，细画服装外轮廓以及内部结构线。

10.仔细刻画配饰细节。

11.完成线稿。

12.用熟褐多调水画肤色，第一遍淡淡平涂。

13.根据面部结构的起伏变化略加重部分肤色。

14.锁骨留白，注意交代清楚结构关系。

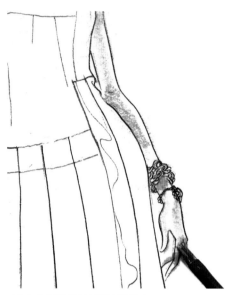
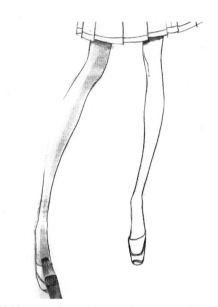

15.画手臂，笔触要肯定，不宜琐碎，注意根据结构局部留白。

16.加深手指骨转折处的肤色。

17.笔触尽量一气呵成，不要断开，要顺势用笔。

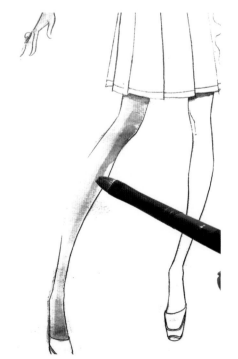

18.根据结构加深腿部肤色。

19.丰富层次，依人体结构用笔。

20.受光面转折处肤色可加深，强调结构。

21.用肤色+朱红画嘴唇，留白自然生动些。

22.用肤色+少量朱红画眼影。

23.加深上眼睑外侧颜色。

24.按颧骨结构加重肤色。

25.用黑+普蓝平涂衣服的深色部分。

26.继续平涂衣服的深色部分。

27.用普蓝+黑+适量水薄薄地平涂大面积的衣身。

28.裙底有白边，平涂到底端时要注意边缘整齐。

29.平涂完成后，用深色根据褶皱规律画衣纹。

30.加深褶皱处颜色。

31.用圭笔把褶皱处线条向上提。

32.用柠檬黄+少量熟褐画头发。

33.用笔要有虚实、浓淡变化。

34.这种发型不宜平涂，要随头发变化规律加重颜色变化。

35.用碎笔触表现头发的深浅变化，丰富层次。

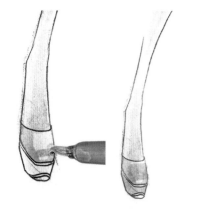

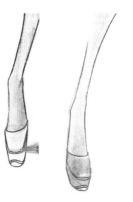
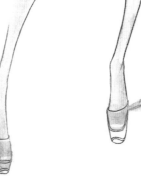

36~37.用中黄+少量土黄画鞋子，注意根据鞋子造型特征来表现。

38.笔触随鞋面形态而变化，注意高光留白的位置。

39.用熟褐平涂鞋的装饰和鞋底翘头部分。

40~42.用白粉画服装上的装饰性辑线，注意用笔要放松，行笔要有变化。

43.在前面的基础上用白色珠光笔画出辑线线迹。

44.线迹间距要适中。

45.用勾线笔复勾结构线。

46.加重褶皱缝合处的结构线。

47.调淡蓝给瞳孔上色，水分不宜太多，注意留空白。

48.用勾线笔把五官仔细复勾一遍。

49.随头发的走向勾发丝，长短要有变化。

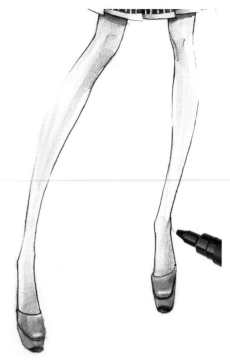

50~51.用0.05中性笔勾身体外轮廓线，注意要有虚实、轻重变化。

52.勾腿脚的形态，注意裸关节的结构。

53.勾鞋子时注意鞋头底部翘起来的地方要画突出。

54.项链复勾一遍，便于衬托珠宝的色彩。

55.手链随形复勾一遍。

56.用短促的线条勾勒头发的外轮廓形态。

57.用银色珠光笔点配饰。

58.用白色珠光笔点出手链的高光。

59.用白色珠光笔点项链的高光。

60.用白色珠光笔沿链珠外轮廓画一遍,增强
质感。

61.整体观察,补充细节,完成。

军装风格女套装

◎ **主要材料:**

铅笔、白云笔、圭笔、水彩颜料、素描纸

◎ **时间:**

3小时

◎ **重点&难点:**

人体动态的微妙变化，衣纹线条的虚实变化，细节的刻画和着色技巧

1.大致勾勒人体的基本形态。

2.细画人体躯干的基本结构线、领围线、腰围线、公主线以及腿部的形态结构线。

3.大致确定帽子及五官的位置。

4.轻轻勾出服装的廓形。

5.勾面部轮廓及五官，注意结构的变化。

6.头发用线要松动一些。

7.服装的造型轮廓要比前面的草图勾得更具体。

8.确定服装上装饰细节的位置。

9.用肯定的线勾勒服装外轮廓及结构分割线。

10~11.仔细刻画上衣的结构细节。

12.仔细刻画装饰花纹。

13.裤子的用线可以放松些，注意虚实
变化。

14.鞋子要控制好造型，线条要有起伏
变化。

15.完成线稿。

16.用熟褐+橘黄+大量水画皮肤。

17.第一遍淡彩平涂，鼻梁、脸左侧留白。

18.按面部结构加重肤色。

19.用肤色+大红画嘴唇，注意留白。

20.加重唇线的颜色，丰富层次。

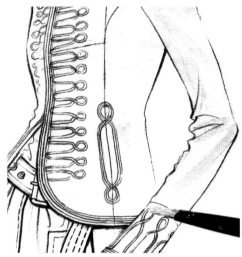

21.用熟褐+白+少量淡黄画上装。

22.用笔要随衣服的褶皱规律而变化。

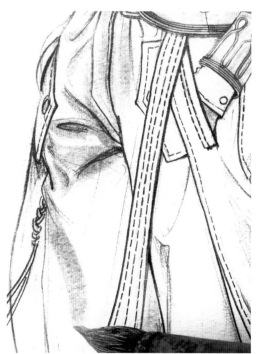

23.裤子较宽大，用白云笔表现衣纹褶皱，使层次更丰富。

24.按衣纹褶皱规律，加深褶皱颜色。

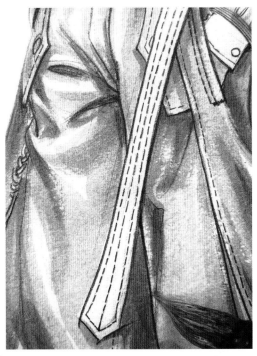

25.根据衣纹和节奏的变化，加重小褶皱的细节。

26.调整留白的大小面积。

27.将色彩明度对比强烈的地方用淡色柔化处理。

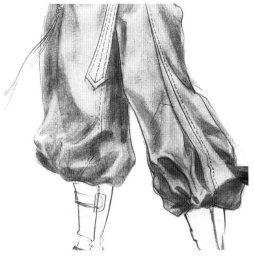

28.给帽子着色，先淡淡地在褶皱凹处落笔。

29.逐步加深，过渡要自然柔和。

30.颜色需要加重的地方，可再画一遍。

31.用深红+熟褐+水画帽边带。

32.用深红+生褐+黑继续画帽边带，留出底色作高光。

33.用细腻的笔触向高光区域过渡，使衔接自然。

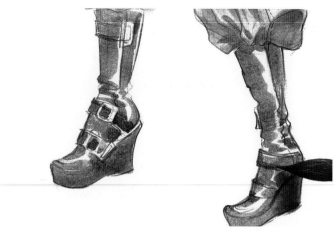
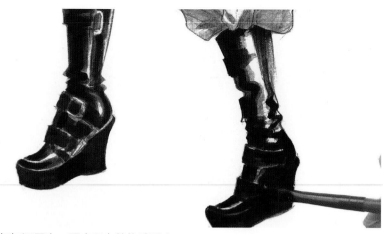

34.画鞋子，先淡淡铺一遍浅褐色打底，留白要随结构而变化。

35.反复加深层次，要表现在结构造型上。

36.用熟褐+深红+黑画帽檐，高光处过渡要自然。帽檐的大面积铺色完成后，用圭笔勾内外轮廓线。

37.调淡黄随头发走向着色。

38.用深褐勾上眼睑和瞳孔。

39.淡淡地铺一层背景，衬托衣服的地方要稍微加深一点。

40.整体观察，补充细节，完成。

淡彩国风套衫

◎ **主要材料:**

铅笔、水彩笔、水彩颜料、
水彩纸、金粉

◎ **时间:**

3小时

◎ **重点&难点:**

服装质感和图案细节的表现

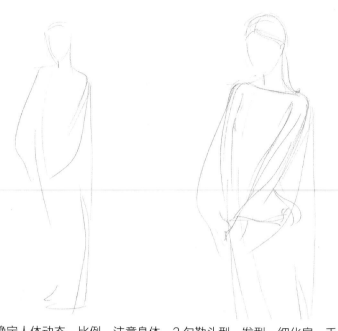

1.确定人体动态、比例，注意身体躯干略后仰，腿直立且略向身后微斜，强调小腿起伏节奏。

2.勾勒头型、发型，细化肩、手臂的衣纹褶皱，注意两手交叉相握的动态趋势。

3.用松动、流畅的线条进一步丰富衣纹细节，注意画出肩臂上的小盘扣。

4.进一步勾画左边手臂结构及衣纹的起伏变化，注意手腕、掌骨、手指的转折结构。

5.勾勒衣服侧面开叉的褶皱层次关系。

6.简洁处理裤子的褶皱，注意强调小腿肚的起伏形态。

7.刻画五官，注意透视的微妙变化。头发的用线随鬓角结构、发型的梳理走向而变化。

8.擦掉草图中多余的线条，确定造型明确的线条。

9.画手部的结构以及手腕上的饰品。

10.完善衣纹线条，方便后期沿着衣纹上色。

11.画出衣服袖口、底摆的辑边细节。

12.整体线稿完成。

13.用淡彩平涂肤色，注意受光处依结构留白。

14.给手臂平涂肤色。

15.在结构转折、阴影处加重肤色，受光处保留第一遍底色。

16.按面部结构加重肤色。

17.进一步加深面部结构，用玫红+肤色画嘴唇，用深棕色顺着头发走势上色打底。

18.加深头发颜色、肩颈暗面及反光的结构细节。

19.顺着衣纹走势画衣服的底色，注意受光面留白。

20.加深衣纹褶皱。

21.铺大面积底色时，注意反光部分和衣纹褶皱的起伏变化。

22.受光面用偏暖的色彩打底。 23.加深暗部颜色，凸显褶皱的起伏变化。 24.顺着褶皱走向画裤子的底色，注意运笔放松、轻快。

  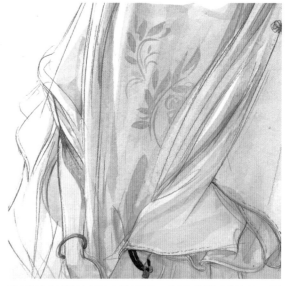

25.完善面部妆容细节。 26.加深褶皱的暗部。 27.用小号笔画衣服上的图案，先画"S"形枝条，再画叶子。用金色和红色分别画手镯、手链。

28.褶皱处的图案随形态起伏而变化。 29.暗面的图案随底色加深而加深。 30.完善肩部的花纹图案。

31.背景底色先用淡彩大面积铺色，注意衬托面部、衣身的轮廓形态；再在浅色底上画略深的叶子形态，注意把握叶子的疏密关系。

32.用白粉提亮花纹的细节。

33.整体观察，补充细节，完成。

女式白衬衣

◎ **主要材料:**

铅笔、水彩笔、水彩颜料、水彩
纸、金色勾线笔

◎ **时间:**

3小时

◎ **重点&难点:**

服装结构的细节表现，白衬衣的质
感表现

1.确定好人体动态后，用肯定
的线条画出五官，后眼角要略
高于前眼角。

2.简洁处理鼻头部分，暂不画两侧
鼻翼，待上色时描绘。嘴唇部分注
意起伏变化。

3.发型的描绘注意疏密变化。

4.用橡皮擦淡人体线稿，画上装外轮廓。

5.画裤形外轮廓。

6.进一步确定衣服结构细节，注意前襟、口袋、袖口造型以及褶皱的取舍。

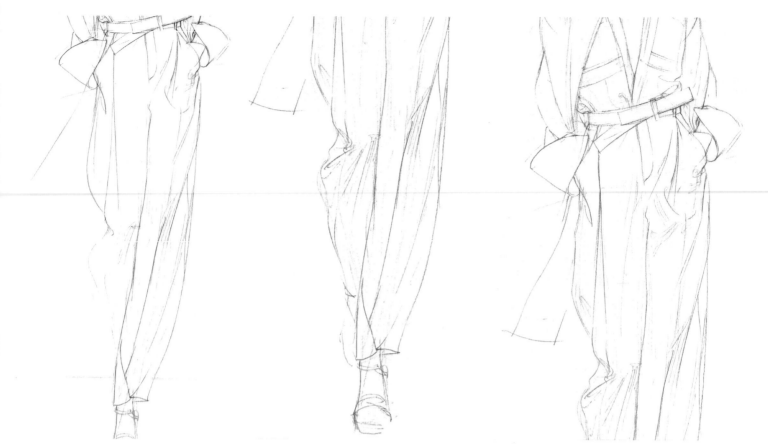

7~8.从腰带、裤口袋处向下逐步勾勒裤形，注意裤子的褶皱与腿形动态的结构关系。

9.画衬衣与裤腰处的结构细节。

10.用肯定的线条勾勒袖口、腰带的装饰辑线。

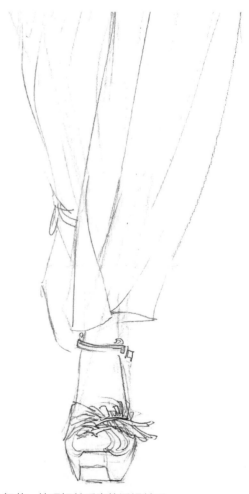

11.描绘鞋子的细节，处理好前后脚的透视关系。

12~13.用淡彩平涂肤色。

14.用浅黄色画头发的底色。

15.加深部分肤色，同时根据头发结构的起伏变化加深发色，注意画出头发在面部上的投影。

16.在底色上根据面部结构整体加深肤色。

17~19.加深身体、手臂以及脚部的肤色。

20.画瞳孔、嘴唇的颜色，逐步加深妆容的深色部分。

21.用勾线笔在五官、头发处局部勾线。

22.加重瞳孔颜色，眼白处用白粉点缀提亮。

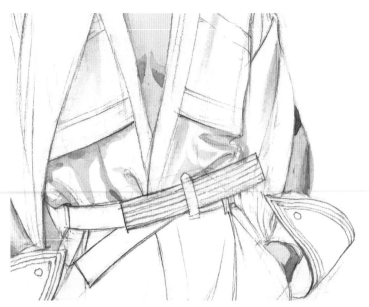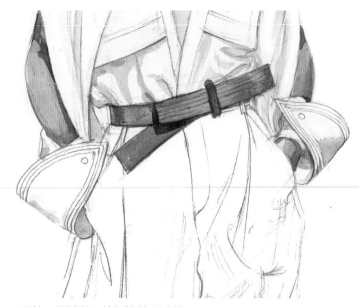

23.画白衬衣不用铺底色,直接先画腰间比较暗的衣纹褶皱,以此作为明度参照,再画其他位置的褶皱。

24.画袖口褶皱以及转折处的明暗关系。

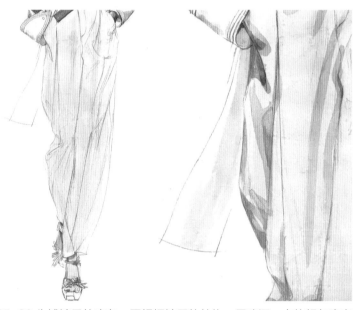

25~26.先铺裤子的底色,再根据裤子的结构,用略深一点的颜色确定褶皱位置。

27.画背景色,白衬衣附近的底色可加重些,这样更能衬托出衬衣的白色。

28.处理脚的前后关系,后面的脚在暗处要画得概括一点,前面的脚细节较多,可重点刻画。

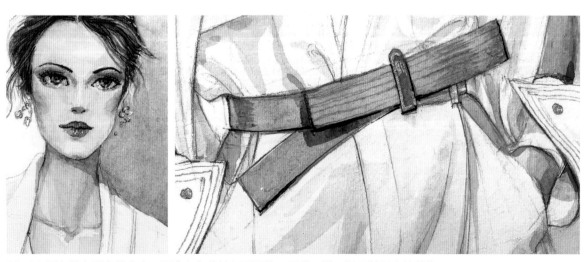

29~31.用白粉点五官的高光。用金色勾线笔勾画耳饰、腰带、袖口以及鞋子上的装饰。

32.整体观察，补充细节，完成。

绣花大衣

◎ **主要材料:**

铅笔、马克笔、勾线笔、水彩笔、
白色水粉、水彩纸

◎ **时间:**

3小时

◎ **重点&难点:**

模特侧面动态表现,图案的细节
表现

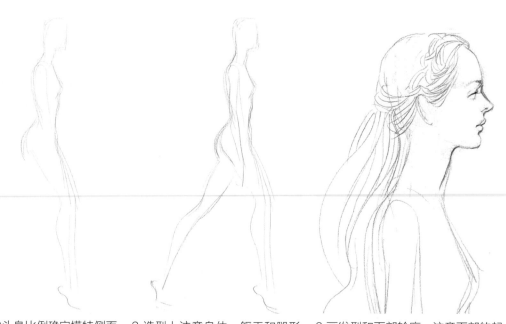

1.按9头身比例确定模特侧面
走姿动态。

2.造型上注意身体、躯干和腿形
的结构关系。

3.画发型和面部轮廓,注意面部的起
伏变化。

4.仔细刻画眼睛,发型的线条顺
着头部结构来画。

5.画衣服侧面的大廓形。

6.细画后腰带、侧口袋以及波
浪形的领子。

7.描绘大衣底摆形态,确定大衣后开
叉的位置。

8.根据图案位置确定大体的疏密关系,大衣整体侧面廓形完成。

9.刻画细节。先画编辫，发型线条走向要有虚实
变化，然后仔细勾勒大衣上的花纹图案，注意从
上到下、由疏到密的变化，完成线稿。

10~11.先用淡彩平铺肤色和头发,再画明暗结构,注意留白的位置。

12.深入刻画面部和头发的细节,注意头发按结构起伏走向用笔。

13.用淡彩平涂大衣上身主体图案。

14.用淡彩表现枝蔓的颜色以及衣领、下摆处的明暗关系,由上至下逐渐减弱。

15.平涂牛仔裤、鞋子,注意裤子的边缘按结构留白。

16.画牛仔裤的深浅层次。

17.画牛仔裤的阴影。

18.用淡彩和马克笔软头丰富图案的层次。

19.用绿色马克笔丰富图案细节。

20.用紫色马克笔点缀图案细节。

21.用金色高光笔勾勒图案细节。

22~23.先用黑色勾线笔勾勒鞋子上的图案,再用金色高光笔上色。

24.丰富面部妆容细节，用白粉提亮眼白。用高光笔点缀图案细节，用湿画法画整体背景，注意可适当加深五官处的背景，使人物更突出。完成。

礼 服

◎ **主要材料:**

铅笔、圭笔、毛笔、勾线笔、
水彩颜料、水彩纸

◎ **时间:**

3小时

◎ **重点&难点:**

人体动态造型、线条的虚实变
化、头部的透视、装饰图案的
写意画法

1.在勾好的人体动态草稿上,细画五官,注意脸
的透视变化。

2.顺着头发的走向画发丝,要有虚实变化。

3.勾配饰的大形,要与脖子的形态相贴合。

4.细画配饰,注意造型和穿插变化。

5.先确定好皮草大形,再画皮毛细节。

6.按人体结构勾胳膊的形。

7.画裙摆的褶皱,线条要流畅,行笔较快。

8.画裙摆侧堆积的纱,用笔自由,繁复但不能乱。

9.描绘衣服上的图案，用笔写意，注意疏密变化，完成线稿。

10.用熟褐+橘黄+大量水画肤色，先从暗面画起，注意结构起伏。

11.强调颧骨下面及脸颊的结构，并画出项链空隙处的肤色。

12.强调锁骨和三角肌的结构。

13.手臂的结构转折起伏要表现到位。

14.逐步加深脸颊和眼影的颜色。

15.嘴唇用色虽浓，但要薄而透明，注意高光处留白。

16.用黄+白画皮毛，平涂但不能涂满。

17.用圭笔画皮毛细节。

18.用清水+黄继续勾画皮毛细节。

19.用少量蓝+白画部分皮毛纹理，使整个皮毛的颜色多一些变化。

20.薄涂紧身衣底色，注意腰胯处受光面留白。

21.笔要随衣纹褶皱而变化，先淡再深。

22.薄纱处的用笔要自由放松些。

23.因为没有勾画裙摆的褶皱，所以着色时要做到心中有数。

24.加深暗面的颜色，注意褶皱随人体形态而变化。

25.用白粉强调束腰紧身衣的结构装饰。

26.用清水把头发染湿。

27.在半干半湿状态下画头发细节。

28.用熟褐+橘红+大量水晕染头发的底色。

29.待干后继续勾勒发丝。

30.待干后用橘黄色铺色、勾线。

31.用0.05的勾线笔有所取舍地勾画五官，使面部细节更清晰。

32.勾项链、皮毛的线时要放松，要有取舍，体现虚实变化。

33.紧身衣上的花纹，以写意的笔触画过后，再用自动铅笔勾边强化。

34.勾边时不要面面俱到，有个大概形的感觉就可以了，形式不能呆板。

35.裙摆花纹表现也是一样，特别要注意疏密变化。

36.根据勾勒的人形投影淡淡铺底色，水分稍多一些，颜色的流动会更自然。

37.整体观察，补充细节，完成。

春夏户外休闲男装

◎ **主要材料:**

铅笔、圭笔、尼龙笔、勾线笔、珠光笔、彩铅、水粉颜料、水粉纸

◎ **时间:**

3小时

◎ **重点&难点:**

人体形态结构与服装细节的表现

1.确定人体比例形态。

2.男装动态不宜太夸张,把握好人体特征即可。

3.在人体形态上勾服装的大形。

4.仔细刻画服装款式细节。

5.勾脸部轮廓,并确定五官的大致位置。

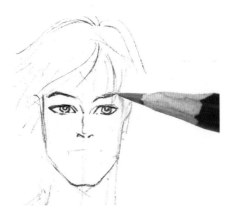

6.在草稿的基础上勾勒五官细节。

7.脖子要画粗一些,基本与面颊宽度接近。

8.虽是草稿,每一个结构关系都要表现清楚。

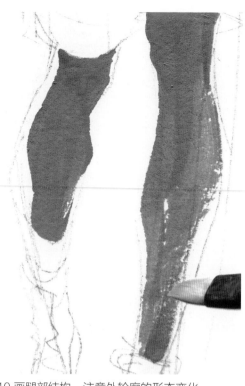

9.用熟褐+橘红+白+绿，或直接用水彩肤色+熟褐画皮肤，注意留白和轮廓边缘结构。

10.画腿部结构，注意外轮廓的形态变化。

11.用面部的肤色+白，按结构提亮面、颈部。

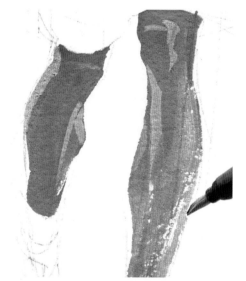

12.用较浅的肤色补充空白的地方。

13.用柠檬黄+白平涂画上衣，注意留白的笔触随衣纹而变化。

14.用柠檬黄+白+少量熟褐画衣服褶皱。

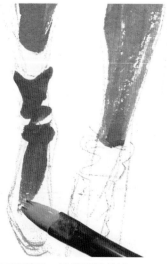

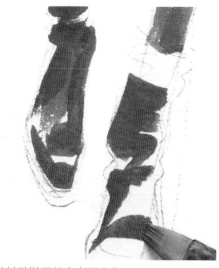

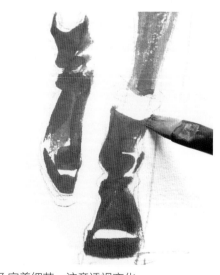

15.用土黄+熟褐画高筒靴，注意用笔放松。

16.笔触随鞋子的走向而变化。

17.完善细节，注意透视变化。

18.用绿+灰画挎包，注意笔触随形态而变化。

19.在褶皱处加颜色，丰富层次。

20.调灰色画腰包，颜色画两个层次就可以了。

21.用普蓝+少量黑画裤子，注意笔触方向不能乱。

22.第二遍上色笔触随衣纹褶皱画，笔触的交叠使画面更加生动。

23.用普蓝+白画裤子的装饰边。

24.给高筒靴再加一个颜色层次，注意高光留白。

25.用土黄+赭石顺着手的结构画手套。

26.调深灰色画头发。笔触随头发的走势而变化，注意留亮光。

27.调浅灰色给头发加一个层次。

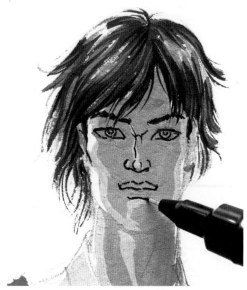

28.仔细勾勒五官。

29.用白粉点眼白。

30.用肤色+大红画嘴唇。

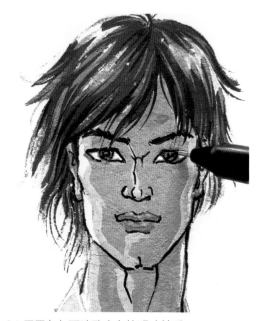

31.用黑色勾画瞳孔内在的明暗关系。

32.画衣服的结构分割线，款式要交代清晰。

33.画罗纹边，用笔要有起伏变化。

34.用同样的手法勾挎包的网眼袋。

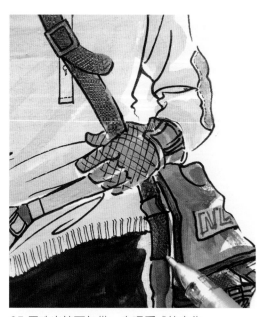

35.用珠光笔画包带，表现质感的变化。

36.用银色彩铅画褶皱和条格。

37.调白粉，用圭笔把褶皱结构线再勾勒一遍。

38.用浅灰画底色，衬托人物。

39.整体观察，补充细节，完成。

男式拼色大衣

◎ **主要材料:**

铅笔、白色水粉、水彩笔、水彩颜料、水彩纸

◎ **时间:**

2小时

◎ **重点&难点:**

单色水彩技法表现，衣纹褶皱、条纹的表现

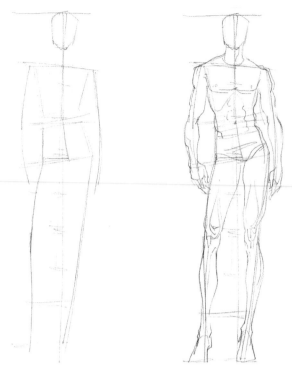

1.确定男装人体动态，注意肩、腰、盆骨的关系。

2.细画人体形态和结构。

3.在人体形态上勾勒服装的大廓形。

6.先确定五官的位置，再刻画五官、发型的细节。

4.细画大衣的领形、袖子的褶皱。

5.大衣的结构分割线以及手部结构也要交代清楚。

7.画鞋子上的细节，注意两脚的透视和前后关系。

8.完成线稿。

  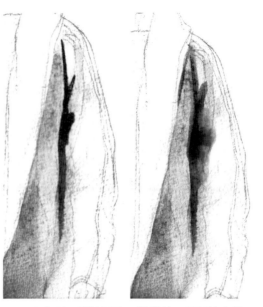 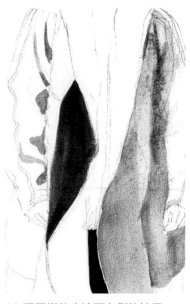

9.从衣服的拼接处开始
上色，注意干湿结合，
轮廓处留硬边。

10.加重分割处的衣身颜色，
顺带画出裤脚。

11~12.先用干画法画腋下的褶皱，再用清水晕开
右侧边缘。

13.用同样的方法画左侧的袖子。

  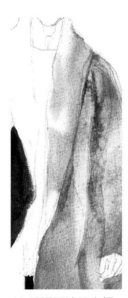  

14.平涂左袖的拼接部分，
注意袖口处颜色重些。

15.平涂右边的衣袖。

16.用湿画法画衣领，
注意局部留白。

17.用深蓝平涂衣服的拼接部分。

18.在颜色未干时加重褶皱的阴影。

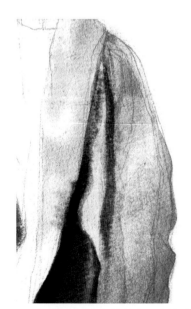 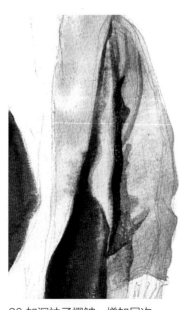  

19.加重衣领边缘的颜色，衬托领
缘的结构。

20.加深袖子褶皱，增加层次。

21.加大袖子褶皱的面积。

22.将袖子的褶皱延展到肩上。

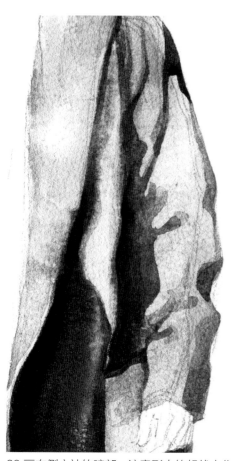

23.画右侧衣袖的暗部，注意形态的起伏变化。　24.加重拼接处的褶皱颜色。

25.画领缘和肩部的条纹，注意随褶皱起伏而变化。

26.画左肩的拼色和条纹，注意用笔走向随褶皱的起伏而变化。　27~28.画大衣的底摆，注意铺底色时，条纹需要留白，局部细节用白粉完善。

29.用淡彩顺着面部的结构涂肤色。

30.深入刻画五官细节。

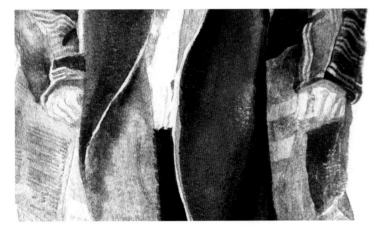

31.画手部的结构细节。

32.先用白粉厚涂鞋子，增强质感，再画出鞋子的投影。

33.用灰色画大衣在内搭上的投影，并用干毛笔皴擦出衣服上的纹理。

34.整体观察，补充细节，完成。

双人童装

◎ **主要材料:**

铅笔、白色水粉、彩铅、水彩
笔、水彩颜料、水彩纸

◎ **时间:**

3小时

◎ **重点&难点:**

服装图案与配饰、五官的细节
表现

1.轻轻勾勒儿童的大致位置和基本动态。

2.细画左边儿童的头型和五官。

3.进一步刻画左边儿童的服饰和鞋子,处理好鞋子的前后透视关系。

4.确定右边儿童的大体外轮廓,勾勒帽子和衣袖的细节。

5.画头部、五官以及胸前的结构细节和装饰,注意透视的微妙变化。

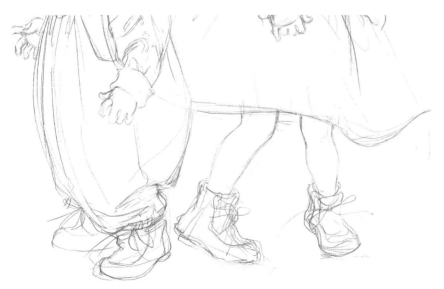

6.画鞋子的廓形,以脚底的位置来定位两个儿童的前后关系。

7.画右边儿童的手部细节。

10.仔细刻画袖子和左手的细节。

8.勾勒左边儿童面部、头发以及帽子的细节，用笔要松动些。

9.勾勒右手以及背带裤肩袢的细节。

11.用波浪式的线条画鞋子的外形，突出羊羔毛的质感。

12.进一步刻画右边儿童的五官细节。

13.画针织帽上的纹路，注意线条的虚实变化。

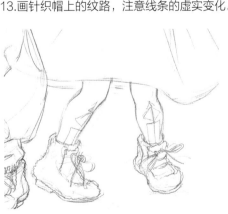

14.添加连衣裙高腰部分的褶皱。

15.先用曲线勾勒鞋子，凸显羊羔毛的质感，再画出裤袜上的图案。

16.完成线稿图。

17~18.用淡彩先平涂面部和手部的肤色，再根据面部和手部的结构调整颜色的深浅变化。

19.画背带裤的褶皱。

20.淡淡地平涂背带裤和鞋子的底色。

21.加深背带裤的褶皱。

22.画背带裤胸前的褶皱细节，进一步丰富褶皱层次。

23.先画袖子处的褶皱，再以轻松的笔触画前胸和侧面的色彩，注意笔触随衣纹走向而变化。

24.大面积铺底色，加深裙子腰间的褶皱。

25.平涂针织发带的色彩，贴近脸部的发带边缘略加重。

26.平涂针织帽的色彩，帽边缘的颜色略加重。用轻快的笔触画头发，注意局部留白。

27.用深棕红画背带以及背带裤上部的拼接处。

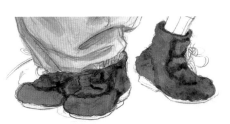

30.先用绿色平涂鞋子底色，再在结构处加重颜色。

28.用小号笔勾画发带上的图案。

29.用黑色平涂针织帽的兔耳朵，用黄棕色画头发。

31.用小笔触点画鞋子，凸显羊羔毛质感，裤袜平涂即可。

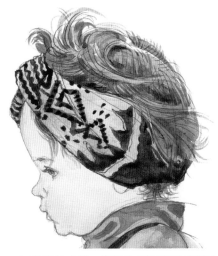

32~33.先用灰绿色平涂上衣，再用深绿色画褶皱。

34.用黄棕色画头发，注意深浅变化。

35.画头发的暗部，额头和后颈部的碎发也要画出。

36.顺着结构画兔耳朵、高领以及头发的暗部，丰富层次。

37.刻画面部的细节，加深头发的颜色，衬托孩童脸庞的结构。

38.深入刻画五官。

39.加深唇色，注意留出高光，突出立体感。

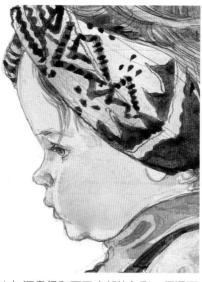

40.轻轻画出嘴唇和鼻翼的色彩。

41.加深鼻梁和下巴底部的色彩。用湿画法给脸颊平铺上色，注意留出下巴和脸颊隆起位置的底色。

42.丰富衣袖和裙腰处的褶皱层次。

43.用勾线笔画鞋带。

44~45.用白粉点瞳孔与眼白处的高光。

46.用彩色铅笔画背带裤的图案。

47~48.用彩色铅笔画连衣裙的图案，注意连衣裙的图案相对疏朗些，与背带裤图案的密实感形成对比。

49.用淡彩铺底色，补充细节，完成。

第五章

服装效果图欣赏